大脑想要这样学

高效学习的认知心理学方法

[美] 丹尼尔 · T. 威林厄姆 著

赵安琪 译

上海科学技术文献出版社
Shanghai Scientific and Technological Literature Press

果麦文化 出品

目 录

本书献给

雪莉·威林厄姆·塞贡多

朱迪·威林厄姆·希姆

前言

当你还在上幼儿园时，老师和父母不会期望你对自己的学习负责。没有哪个家长会对五岁的孩子说："你的老师告诉我，你辨认颜色时不用心。她还说你画手指画时不认真。你要是不好好学习，我花钱送你去幼儿园干什么！"在那个阶段，营造一个适合孩子学习的环境是老师的责任。

但是等你长到十多岁，学校就会要求你对自己的学习承担更多的责任。上课时，你要记笔记；在家时，你要阅读教材，完成作业，准备考试。在这种教学模式下，老师希望你学会：（1）选出要优先完成的任务，制订自己的计划；（2）独立阅读较难的内容；（3）不拖延；（4）记住知识点；（5）不分散注意力；（6）判断自己需要学习多久；（7）在考试中运用知识；（8）应对一些干扰学习的情绪，比如焦虑。如果没做好这些事，那是你自己的问题，而不是老师。简而言之，这时你应该成为一个独立的学习者了。

但你的大脑并没有使用手册。独立学习需要很多不同的技巧，应该有人教你这些，而实际上可能并非如此。面向大学生的调查显示，大多数学生有自己的学习方法以及避免拖延的方式等。可他们想出的方法往往并不好用，因此我写了这本书。

这是一本大脑使用指南，它会帮助你充分开发大脑的学习潜能，让你成为一个独立的学习者。

我是怎样写出这本书的

我读博士研究生的原始动力并非为了无私地帮助别人学习，而只是想当一名教授。我以为当上教授就不用被老板管着了（事实并非如我所想，但我确实拥有了更多自由）。我抱着试试看的态度我开始攻读心理学博士学位，这真是一个非常愚蠢的打算。

但我运气很好。我发现自己对人类的大脑，尤其是人类的学习方式很着迷。我满怀热情地完成了学业，又幸运地找到了一份在大学教书的工作。我的研究与记忆相关，但它的专业性太强，脱离了日常生活。你一定听过这样的笑话，有个人拿到了博士学位，他的妈妈对她的朋友解释说："他是个博士，但不是那种能帮助别人的博士。"就像我是一个研究如何学习的人，但不是那种能帮助别人学习的人。

这种状态大约持续了 10 年。有一天，我接到了一个不大认识的人打来的电话，他邀请我到纳什维尔给 500 位老师做一场关于学习的讲座。我委婉地表示自己从未接触过教学，从事的研究对他们也不一定有帮助。他说："好吧，我们明白了。我们只是觉得老师们会认为你的演讲很有趣。"我很困惑，又有些受宠若惊，便答应道："那我去吧。"

六个月后，到了准备演讲的时候，我变得恐慌起来。显然，老师们知道孩子应该如何学习，我又能讲出哪些他们不知道的事呢？我想过退出，但活动主办方已经没时间找人来代替我了。我从给大二学生讲授的认知导论课程中摘取了一些观点，拼凑出50分钟的内容。我的妻子是一位老师，她陪我来到纳什维尔，本想见证我第一次关于教学的讲座，我却感觉那将会是一团糟，在开始前半小时让她别去听了。

然而，让我非常惊讶的是，讲座很成功。在关于学习的课程中，我只讲述了一小部分内容。老师们不了解我讲述的知识，但他们觉得这不只是抽象的理论，而且认为这些方法可以应用到课堂上。

我的职业方向从此改变了。关于人类如何思考、学习，科学家已经得出了结论，我认为若能了解这些结论，老师们将受益良多。于是我开始写文章、写书，解释这些内容。

我也在思考如何将它们应用到自己的学生身上。在认知导论课程中，我增加了一节关于"如何学习"的课。学生们认为很有收获，但是他们的成绩却没有发生太大改观。这节课的重点是如何有效地记忆信息，于是我猜测，除了记忆，其他一些方面也会影响学习效果。

学生们来办公室寻求帮助时我会询问他们的学习方法和技巧，还会让他们把教材和笔记本带来，谈谈他们阅读和记笔记的情况。

我注意到，除了没有掌握记忆的方法，学生们在学习上遇到困难的原因还有很多。有人无法理解书中内容复杂的章节，有人习惯拖延，有人听不懂课堂上讲的内容，还有人害怕考试……

大约一年后，我发现自己已经很擅长诊断每个学生的问题，但却无法让他们在学习方法上有所改进。说实话，我觉得这很奇怪。他们遇到了困难，来找我求助，那么为什么不能试试我的建议呢？

为什么要激发大脑的潜能

解开这个谜题是出于一次偶然。学生来问我是如何对记忆产生兴趣的，这让我回想起了研究生时学过的一门课。“记忆的神奇令我震惊。”我说，“它让我知道很多我以为的事情其实并不是事实。”

说出这些话后我才意识到，学生们可能会觉得我给出的那些关于学习的建议很奇怪，比如学习的欲望并不会对学习的效果产生直接影响。你总会记得一些没有刻意学习的内容：哈里王子有没有结婚，哈维·温斯坦做错了什么，布莱德利·库珀是否在电影《阿甘正传》中扮演主角。你没有学过这些内容，只是看到它们，便记住了。读大学时，我花了很多时间疯狂地把新知识塞进脑子里，如果当时有人跑来对我说学习的欲望其实并不重要，我当然会觉得很奇怪。

另一个令我惊讶的发现是：重复虽然有助于学习，却并不总是奏效。比如，你知道一美元的钞票上画了什么吗？钞票的背面有一只鹰。那鹰的头顶上又是什么呢？你在一生中接触过许多张钞票，在不断的重复中你本以为自己会清楚它的样子，其实并非如此。

于是我问我的学生：“老实说，你们有没有尝试我建议的方法？”许多人说他们尝试过，但只试了一次。他们并没有觉得这些方法很奇怪，只是感觉效率不太高。

这个答案对我很有用。在这个层面上，学习和锻炼身体是一样的。如果你想让自己做更多个俯卧撑，可以一直练习俯卧撑。但难度更高的动作对于健身更加有效，比如立卧撑跳。你无法把这个动作重复很多次，所以觉得事与愿违：“这太蠢了。我本来可以做很多个俯卧撑，现在却只能做几个！”但要记住，从长远来看，更大的挑战会让你变得更强。相对地，如果你在练习俯卧撑时膝盖着地，当然可以在短时间内完成许多次，显得效率很高，但练习效果显然不会好。

在学习时，大脑也会让你做一些简单的动作，就像是膝盖着地的俯卧撑。它会鼓励你做那些轻松、容易成功的事情。因此，如果我对学生放任不管，他们便会采用效率很低的方法来学习。

我们需要激发大脑的潜能。这样的脑力锻炼或许很困难，却能在长期取得更大的进步。

怎样使用这本书

从 12 岁左右一直到研究生阶段，我们大部分时间都在采用同样的学习模式：通过听课和自主阅读来学习，用考试验证学习的效果。学习并不是只有这些内容（比如有时你还需要写论文），但听课、阅读、考试是学生最主要的三项任务，也是本书讨论的主要内容。

当然，每项基本任务都有分支。例如，复习考试不仅要求你记住知识，还要通过好的笔记辅助复习、合理规划学习时间等。

这本书的每一章都会提供某一个方面的指导。你想改善哪方面的学习方法，便可以选择对应的章节阅读，不需要按顺序读下去，也不需要读完全部。我并不期望你采纳每一个方法。我会提供许多方法，你可以选择自己感兴趣的那一个，如果没有奏效，尝试另一个即可。不要因为某个方法听起来不可行就拒绝它，记住：一种方法听起来很好笑并不代表它不会奏效。判断一个方法是否有效要看结果，而不是凭感觉。老师们也可以在书中寻找适合学生的方法。另外，在每一章的结尾，我也会介绍怎样将这些方法应用到课堂中。

记忆是一种工具，这本书是它的操作手册，能够帮助你独立学习。我不能保证你毫不费力就能学得很好，因为大脑不是这样运转的。如果有人对你这么说，你反而需要盯紧自己的钱包，不要上当受骗了。

但我可以保证你的学习效率会大幅提高。我会帮助你改进学习方法，提高自学能力，让你的努力带来更好的成效。你会学得更快，更不容易忘记学到的知识。

通过了解自己的大脑是如何运转的，以及哪些事情会阻碍它的运转，便可以激发大脑的潜能。

第一章

如何听懂课堂内容

学生进入大学时已经听过数千小时的课了，你或许以为他们很擅长用这种方式学习，其实不然。除了听课，他们在记笔记上也有一些问题，这一点我会放在下一章来讲。本章主要关注怎样听懂老师讲的内容。

如果你没有听懂，下一步要做的显然是让老师解释得更清楚一些。但如果你没有听懂，又没注意到自己没听懂呢？怎样防止这样的情况出现？

让我们想想意识到自己没搞懂某些内容是怎样的过程。这种感觉其实是由记忆检索失败引发的。例如，在杂货店里，一个健谈的陌生人说：“噢，这堆罐头危如累卵，对吧？”或者一个朋友问：“鸟儿在夜里鸣叫是怎么一回事？”无论哪种情况，你都会从记忆里搜索信息（“危如累卵”的含义；鸟儿为什么在夜里不睡觉，而是要鸣叫）。你没有找到相应的信息，于是你想：“我不明白。”

记忆检索失败还可能会引发困惑，这和人们表达的方式有关。人们讲话时并不总是会说出他们的真实想法。他们不是故弄玄虚，而是假设你的记忆中包含了那些缺失的信息，可以把他们说的内容补全。

就像一个朋友说："真见鬼，我一个小时前叫了达美乐。你看见我的手机了吗？"两句话之间的关联很明显——这位朋友想要找到自己的手机，给比萨店打个电话。但是请想想建立这样的关联需要多少信息。他假设你知道：达美乐是一家外送比萨的店，外送比萨不需要一小时这么久，打电话给店里能解决这个问题，以及他需要手机来打电话。

我们说话时总会省略信息。如果不这样，交流就会变得烦琐而乏味。（"把手机扔给我好吗？我要打个电话，所以需要手机。"）

现在，假如你的朋友这样说："真见鬼！我一个小时前叫了达美乐。池塘的浅水区至少有六条鲦鱼。"你看，两个没有明显关联的句子也可以连在一起。有时某个人这一秒还在讨论比萨，下一秒就在找自己的手机。但我们会假设，只要检索自己的记忆便能发现其中的关联。

所以，当我们在记忆中搜寻事实（"危如累卵"的含义）或关联（比萨与鲦鱼）却遭遇失败时，便会意识到自己没听懂。这种情况下你知道自己没听懂，也可以采取一些补救措施，最直接的便是让说话者解释一下。

也有一些时候你既没有完全听懂，又不知道自己错过了一些内容——这是怎么回事呢？

这种情况通常不会是因为你没听懂某个词，而是因为你没发现某种特定关联——事物间的关联并非只有一种。你通过自己的方式将两件事联系在一起，便以为自己听懂了，但这种方式却和说话者心里想的不同，结果就是你都没意识到自己错过了一些内容。

假设老师在一堂历史课上说："秀兰·邓波儿主演的许多电影都是在 20 世纪 30 年代上映的。这些电影是为了让观众放松心情，忘记烦恼。"听课的学生会觉得自己明白了两个句子的关联，即它们都在谈论秀兰·邓波儿的电影。

但是假设老师在几天前讲过大萧条的内容：20 世纪 30 年代的经济状况很差，大多数人都面临财务上的困难。老师便会认为，学生们能明白他想表达的是秀兰·邓波儿的电影之所以流行，是因为它们在经济困难时期给人们带来了慰藉。

现在明白了吧，为什么我们有时明明没有听懂，却自以为听懂了。你为两个观点建立了联系，以为自己理解了，但老师希望你建立的是另一种联系。

上课这种教学模式的特点导致这类问题很容易出现。日常对话是没有准备的，我们只是在说自己的事，所以通常会将两件接连发生的事情关联起来。但课上的内容具有一定的层次结构，因此老师会希望学生们将一些不相邻的内容彼此关联。

举个例子，假设你正在听一堂讲肉类烹饪的食品科学课。课上共有三个主要内容：烹饪能杀死细菌和寄生虫，能让肉拥有丰富的味道，能使肉更加柔软。下一页展示了这堂课的部分大纲。

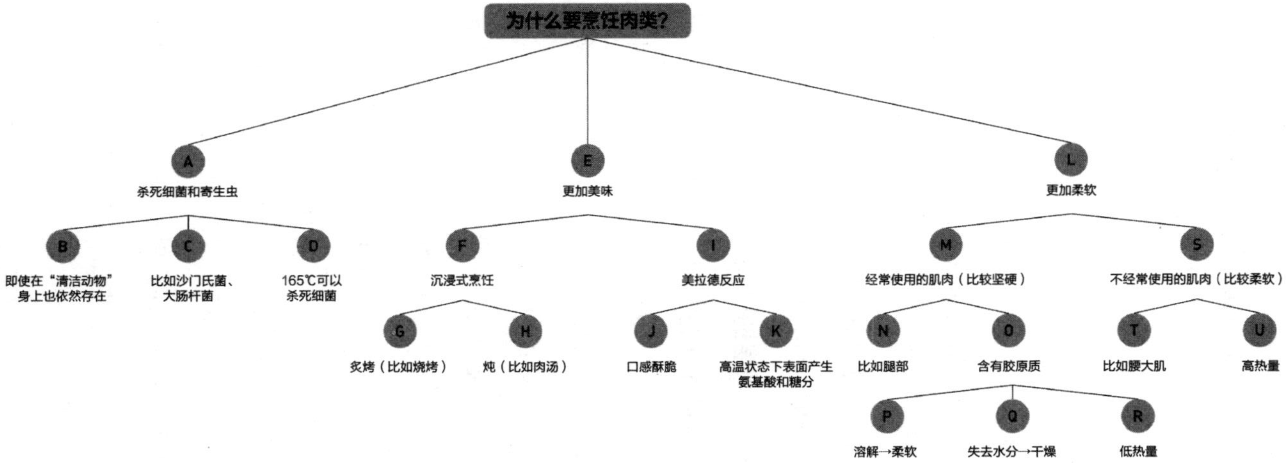
为什么要烹饪肉类?
A
杀死细菌和寄生虫
B
即使在“清洁动物”身上也依然存在
C
比如沙门氏菌、大肠杆菌
D
165℃可以杀死细菌
E
更加美味
F
沉浸式烹饪
G
炙烤（比如烧烤）
H
炖（比如肉汤）
I
美拉德反应
J
口感酥脆
K
高温状态下表面产生氨基酸和糖分
L
更加柔软
M
经常使用的肌肉（比较坚硬）
N
比如腿部
O
含有胶原质
P
溶解→柔软
Q
失去水分→干燥
R
低热量
S
不经常使用的肌肉（比较柔软）
T
比如腰大肌
U
高热量

这是老师在头脑中形成的结构，却不是你在课堂上听到的结构。人们讲话时通常不会区分层次，因此学生们听到的是线性的内容。图上的大写字母展现了老师提到每个要点的顺序。

标记着A、E、L的内容（“杀死细菌和寄生虫”“更加美味”“更加柔软”）本该彼此关联，它们三个属于同一范畴，都是人们烹饪肉类的原因。但如果老师只是在按部就班地讲课，没有特别强调这一点，有些学生就会错过这个重要关联。在这节课中，相邻的句子之间或许有很明显的联系，学生们不会为其中的某句话而惊讶，也不会纳闷：“等等，这个观点是从哪里来的？”但他们可能无法注意到更深层的关联。

大部分学生都能注意到课堂中难懂的概念，比如“胶原质”和“腰大肌”的定义。他们知道自己不懂这些词的意思就像你不懂得“危如累卵”的意思一样，但他们会错过深层的关联，比如某几个内容属于同一个范畴，或者它们都是某个大结论的证据或例子。而老师会认为，这些被错过的信息其实更重要。

总之，你的大脑能理解一般的谈话。日常中，你不会提前规划50分钟的演讲，只会讲到自己身边的事情。每次开口你只会提前思考一两句，因此你的话很容易听懂，听者不需要将现在的话和20分钟前的话联系在一起。但课堂上的内容经过了层次结构的规划，此时的观点和20分钟前的观点很可能密切相关。如果学生没听出这一关联，便会错过这一层面的所有内容。

通过听课这种方式进行学习时
你的大脑会这样做：用听朋友说话的方式来听课，因此错过某些深层的关联。
怎样激发大脑的潜能：意识到老师构建的内容（具有层次结构）和你听到的内容（线性）存在差异，建立起老师期待的关联。

在本章中，你会学到一些技巧。利用这些技巧，你在课堂上不仅能注意到新的词汇和概念，也能意识到更深层的关联。

方法 1：
提取课程结构

在理想状态下，老师应当阐述自己的课程结构。课程开始时他会说："这就是你们要学习的内容，主要的结论是 ×××，支持结论的观点共有四条……"讲课的过程中他还会重新提到这一结构："我们已经讲完了支持这个结论的第一点，现在来讲第二点。"他会告诉你自己讲到了结构中的哪个部分。

但如果他没有这样做呢？这种情况下，你要自己整理结构。

比如，我们刚刚提到了一节关于肉类烹饪的课程。如果老师说：“烹饪还会让原本很硬的肉变软。”你便要想到，这是人类烹饪肉类的三个原因之一。

然而，上课时老师通常讲得很快，你并不能即刻理清所有结构。**因此，你只需要关注前两个层次**。第一个层次是本节课探讨的问题，或者最关键的主题。在食品科学课中，最重要的问题或许是：为什么要烹饪肉类？在历史课中，这个问题或许是：如今的总统候选人能不能采取“前廊竞选”的方式，不再东奔西走，只在离家最近的地方演说？

上课前，阅读书面文本能帮助你确定课堂结构、了解这节课的主题。如果是一门课程，可以看看大纲。如果是一场报告，可以看看分发的资料。在事先不了解主题的情况下，老师的前几句话能够为你提供指引。他们会先总结一下主题，哪怕只有一两句话。也就是说，只要迟到一分钟，你就会错过这一段。要是你正在和旁边的人聊天，或者打电话，没有立刻关注老师，便也会错过。**一定要注意听开场的总结**。

第二个层次是那些能够支持这一结论的证据。在食品科学课中，第二个层次是人们烹饪肉类的原因有三个。在历史课中，第二个层次或许是“前廊竞选”的一些成功案例，媒体在此类活动中起到的作用，采取这种竞选方式的候选人特点。最后老师会总结这些与现代政治关联的因素。如果这节课的目的是教你做一件事，比如抽血，那么第二个层次就可能是介绍操作步骤，解释这些步骤为何有效，或者列举一些情况，以及在每种情况下要使用哪个方法。

另外，好的老师会用语言来提示结构，例如他们会说：“刚刚我已经介绍了‘前廊竞选’的特点。现在让我们来看一些历史上的例子。”没有条理的老师不会这样做，但即使他们没有想到要提示你，也会意识到自己正在转换话题。**留意那些能够提示结构的话**，比如：

- “第二个原因是……”
- “这就涉及了另一个问题。”
- “那么我们知道……”
- “我们从另一个角度来看这个问题。”
- “不管怎样……”
- “好了。”

也要留意语言之外的提示。讲完一个主题后，老师常常会停下来提问，等到确认学生们已经听懂之后再继续讲新的内容。如果老师停下来看笔记，或者在略做思考，这可能就意味着他要开始一个的新主题——他刚刚讲完了一个内容，现在需要看看下一个内容是什么。

在听课过程中，你不必构建出全部课程结构，但是要**学会借助广泛的背景来了解细节**。你要记住，这一章的重点是通过听课来理解新的内容。在正确的背景下了解事物也是理解的一部分。比如，1820 年詹姆斯·门罗被选为总统，只差一张选票他便能够全票当选。这件事可以在以下情况中被提到：

- 证明当时是美国的“和睦时代”。
- 证明 1812 年战争后，美国联邦党处于弱势。
- 在这样的背景下，门罗希望政党体系消亡。

想要在广泛的背景下了解细节，你需要在听课过程中时刻回顾背景。由于既要听课，又要记笔记，做到这一点很难。假设上节课学过了向量，这节课要讲向量相加，那么你既要理解新的概念，又要思考它和其余概念的关联。所以当老师开始讲新内容时，你要努力想到它们之间的关联。如果老师问你有没有什么疑问，不要只是问自己：“我听懂他刚刚说的内容了吗？”还要问：**“我知道他刚刚讲的内容和这节课的主题有什么联系吗？”**如果不清楚，你就需要提问。

一句话总结：意识到课程具有层次结构，并尝试在听课时提取这种结构。

方法 2：积极而努力地聆听

人们总以为听课很简单，只要听就行了，其实不是这样。现实中某些老师的课不受欢迎，是因为学生只是坐在那里听老师讲，感觉很单调。然而他们并不是只需要听讲。在上一节中我们了解到，**听课需要积极思考**，学生需要构建出课程的层次结构。

上课与平时讲话有很多重大差异。讲课时，人们会使用不太常见的词汇。相比和朋友交谈，他们在课堂上谈论的观点更加复杂。而且你的朋友会在意你有没有听懂，会停下来问："你懂我的意思吗？"你可以点头，也可以回答："嗯。"老师停下来让学生提问的次数则要少很多。

近两千年前，古希腊传记作家普鲁塔克便提到聆听是一件很困难的事：

> 有人认为，演讲者需要履行自己的职责，但聆听者却不用。演讲者需要精心准备自己的演讲，而聆听者不必思考，也没有任何需要承担的义务，他们坐在位置上就像来用晚餐一般，在别人辛苦演讲时尽情享乐就好。然而，即使在晚宴中，有教养的客人也有自己的职责。在演讲中，聆听者更是如此，他既是演讲的参与者，又是演讲者的同伴。

过去的30年里，每一年我都要上一门大课。过去的15年里，我也在学校和公司中给成年人做了许多次演讲，很容易就能辨别出哪些学生和成年人没有全心投入——这些人瘫在座位上，目光呆滞，只有在我说话时才会缓缓回过神来。他们既不疲惫也不焦虑，更没有因自己的事情分心，只是很被动，把课堂当作一场电影或音乐会。

和几百个同学一起上课时，你会觉得自己只是观众的一部分。这可以理解，毕竟你想要轻松地获得乐趣。但如果能为每节课做好心理准备，并付出一些精神投入，你会得到更多的快乐。

一句话总结：用听课的方式学习需要更积极地投入，在每节课前都应充满期待。

方法 3：
用老师的笔记检验而不是代替你的笔记

假如老师为你复印了他的笔记、课程大纲或是图表，你该如何使用它们呢？想要搞清楚这一点，需要先回答另一个问题：我们为什么要记笔记？

有人为此进行过研究，得出了两个你可能也想到过的结论：一、将内容写下来更容易记住；二、阅读自己的笔记能够巩固记忆。研究显示，笔记确实具备这两个作用。

试想，如果从老师那里获得了笔记，这两个作用会受到怎样的影响。我们常常觉得老师的笔记要比自己的更加完整、准确，或许你还能从中发现一些无法通过听课获得的深层关联。这对于巩固记忆确实有很好的效果，但你却无法通过记笔记的过程来强化记忆——写下它的是老师，而不是你。

我们的猜想与研究结果一致：使用老师的笔记有利也有弊。相比让学生自己记笔记，老师提供笔记并没有明显的优势。所以有些老师不提供笔记，他们觉得这样做没有意义。

但是假如你得到了笔记、大纲或课件，可以用它们来做些什么呢？虽然我们尚未通过研究得出明确的答案，却可以根据笔记的两个作用进行合理的推断。

如果你想通过笔记来增强记忆，那么**即使你在课后会得到老师的笔记，还是应该自己记一份**。要是在课前就得到了笔记，不要带上它，因为这样你只会顺着笔记思考，并补充自己的观点，无法增强记忆。而且一边听课一边阅读书面提纲会让你感觉很混乱。课件也是一样，不要把它们打印出来在上面记笔记。

如果你在课前就得到了笔记或大纲，先把它浏览一遍。**不用花费很多时间，只需要了解课堂结构的前两个层次**：它的主题是什么？主要的论点有哪些？

提前了解这些内容十分有助于你的理解和记录。在笔记开头写下主题和论点，方便参考。随着课堂的进展，你会知道老师讲到了总体结构的哪一部分，然后就可以边听边做标记。

课程结束后，你还是要**将自己和老师的笔记整理在一起**。如果课后才得到老师的笔记，你当然只能这样做。但即使你在课前就已经得到了笔记，最有效的整理时间也是课后。笔记的后期整理很重要，我会用整个第四章来说明这一点。

一句话总结： 如果老师提供了笔记或大纲，你可以在课前或课后用它辅助理解，但不能代替自己的笔记。

方法 4：
确定阅读和听课的顺序

课程中你一般会提前阅读一些与课堂内容有关的阅读材料。“先读后听”似乎是很合理的逻辑，了解主题后更容易理解课堂的内容。我们知道，人们写文章或说话时总会略去某些需要读者或听众了解的信息，因为他们假设这些内容已经存在于对方的记忆中。前面提到的秀兰·邓波儿的例子便是如此，老师假设学生们知道 20 世纪 30 年代是大萧条时期，因此认为他们应该得出这样的结论：经济形势促使人们喜欢这样主题温馨的电影。总之，提前阅读材料，事先了解主题，你会更容易听懂课上的内容。

但顺序反过来也是一样的。如果先听课，再阅读，你会更好地理解材料中的内容。

先阅读材料还是先听课取决于走进教室时，老师认为你了解多少内容。一种可能是，你事先认真阅读了材料，老师却十分详细地解释了书中的全部内容，那么提前阅读显然没有必要。另一种可能是你没有提前阅读，但老师认为你已经知道这些内容，便跳过了，那你一定会很困惑。

“我应该在课前还是课后阅读材料呢？”想要回答这个问题，关键要知道老师假设你在课前通过阅读了解了多少。当然，你也可以直接问老师，他们一般会说希望你提前阅读。然而，他们并不一定这样讲课。

比如，我读大学的时候修了一门关于史诗的课程，要阅读《伊利亚特》《奥德赛》《罗兰之歌》等作品。我发现这些作品都很难懂。这里的“懂”指的不是深入理解，只是知道史诗里有哪些事件，可我却连通过阅读找出这些事件都做不到。

我们需要读 50 页左右再来上课，老师讲解时，则会重点关注这些史诗的历史背景和文化内涵。大概到了第三周，我注意到老师在每节课开头会对阅读材料进行总结，在三分钟内列出史诗中的事件。于是我把阅读史诗的时间调整到了课后，听完他的概述之后，我更容易理解这些诗歌了。而且由于他在课程开始时就提供了总结，没有提前阅读也问题不大，我依然能够大致了解那些历史和文化知识。

所以如果你发现阅读材料很难，但老师的讲解更容易听懂，可以尝试把阅读材料的时间调整到课后，看看这样是否有效。

一句话总结：无论是阅读还是听课，第二次接触的内容总会更容易理解，要根据实际情况确定阅读和听课的顺序。

方法 5：
克服不爱提问的心理

在这一章的前面，我提到了有时你不会意识到自己没听懂，但有些时候，你很清楚自己没听懂。如果这种情况发生在课堂上，解决方法很简单：举起手，问“这是什么意思？”对于有些人来说这件事轻而易举，但是还有一些人不爱提问，这通常是因为他们：（1）不想打扰别人；（2）不想显得很蠢；（3）太害羞。

如果你不想打扰别人，这很好，因为老师也不想让你打扰别人。谨慎地提问不是愚蠢的表现。虽然老师们常说自己欢迎所有问题，可这种说法并不诚实，他们并不欢迎讨厌的问题，而有些问题确实很讨厌。如果你能辨别出哪些问题很讨厌，就不会因为提问而烦到别人了。下面就让我们来看看什么是讨厌的问题。

为了炫耀而提问很讨厌。“威林厄姆先生，你讲的 19 世纪欧洲历史与树鼩的解剖结构有关吗？我读过这方面的内容。”我讲的和你问的没有关系，而且大家都知道，你提问只是因为想要说些什么。不要用“提问”做掩护，把我的课堂当成炫耀自己的平台。

转移主题的提问并不讨厌，但也会打扰一些人。“威林厄姆先生，你讲的 19 世纪欧洲历史与贵族制度的瓦解有关吗？”和树鼩不同，这个问题对主题有意义，所以可能并不是在炫耀，但有些学生却会翻白眼，因为他们在想：“老师觉得这个话题不重要，所以没有放到课程中，你却在这上面浪费时间。（我想）你对它感兴趣是好事，可我们为什么要听你滔滔不绝呢？”大多数人不会有这种想法，他们认为：我们正在学习，所以你（至少）应该忍受这种好奇心。如果你担心打扰到少数人，那就不要问那些涉及新领域的问题。你可以私下与老师交流。

有一类问题是人们最常问到，也并不会打扰别人的，那就是请老师重复某些内容。你错过了一个概念，希望老师再说一遍。或者你听到我说某件事有三个原因，却只听清了两个。没有错过这些内容的学生也能理解你的提问，因为每个人都可能漏掉一些东西。虽然你拖慢了上课进度，但也不过是 10 秒而已。

如果老师在最后 15 分钟解释了某些复杂的内容，比如化学中的“八隅规则”，而你发现自己没听懂，要怎么办呢？让老师重讲一遍？你会担心别人都听懂了，这样就显得你很蠢。这种情况涉及理解，和“我没听清”那类问题不一样，你不是在说“我没有听到”，而是在说“我听到了，但是没有听懂”。另外，由于老师要解释的内容很多，你自然会担心浪费别人的时间。

这种情况下，你可以通过改变提问方式来减轻这种担忧，不要直接问：“能重新解释一遍吗？”而是首先要说出自己理解了哪些，这样能让老师更集中地回答问题（也减少了耽误的时间），还能顺便让其他学生知道你不是一无所知，而是理解了其中一部分。

如果你经常为此担心，这个建议或许有些效果，但还不够。为了进一步讨论这个问题，请暂时抛开自己的想法，从老师的角度想一想。

你的提问不仅对自己有帮助，对老师也是一种反馈。一个好老师会时常观察学生的脸，以此判断大家有没有听懂。但这样做效果并不好，直接的反馈会更有效。

至于要不要花时间重新解释，这不是由你决定的。作为老师，我会判断这是否浪费时间。我会衡量一些因素：重新解释要花多久？除了你，还有多少人没有听懂？这节课还要讲哪些内容？如果我认为没必要重复，便会说："我还要往下讲，我们课后再交流吧。"不要认为我在"指责"你拖延大家的进度。这只是老师的一种判断而已。

最后来谈谈因为害羞而不愿提问的情况。你应该坦然面对自己的困惑，并随时准备提问。因为提问不仅是一种在课堂上获取知识的技能，也是每个人都应掌握的技巧。所有人的工作都有不适合他们性格或能力的部分。比如，外向的人或许很喜欢和陌生人接触，并推销产品，但他每周也要在办公室里工作一天。虽然你很害羞，但有时也需要开口提问，这样才能明白发生了什么。你能想象一位海军飞行员没听懂指令，却想着"我不想提问，这样看起来很蠢，起飞后我会自己弄清楚"吗？

如果你不爱提问，不要认为"我的性格就是这样"，也不要觉得这是无法改变的。把提问当成一种你要努力学会的技能。尽量坐在前排，这样你就看不到其他人，也不会那么难为情。作为练习，试着问一些需要老师重复定义的简单问题。如果你认识老师，又不愿意举手，可以告诉他你正在练习这方面的技巧，那么当你试图打断他时他会更容易注意到。或许提问总会让你有些不自在，但是通过努力，你会让事情变得更容易。

一句话总结：弄清楚哪些问题很讨厌，哪些问题并不讨厌；如果你的问题不会打扰别人，但你依然很紧张，就把提问当成一种需要掌握的能力。

写给老师

听课时，学生们总会错过一些深层的逻辑关联，老师要如何帮助他们理解呢？显然，你讲话的结构越清晰，那些关联就会越明显。

最简单的方法是先概述这节课的内容：用一张幻灯片列出你要讲的所有主题，并附上我所说的第二个层次的观点，用 30 秒讲述一遍。随后，每开始一个新主题，你都要回到那一页，明确自己讲到了哪里。研究表明，无论是否准备了大纲，语言提示都有很大帮助。一节课开始时先把课程的结构告诉学生，比如："媒体公司的合并对好莱坞共有五个方面的影响。"

讲课时记得常常回顾课程的结构，比如"媒体公司的合并对好莱坞造成的第三个影响是……"如何验证听课是否有效呢？学生们对于理解的标准很低，你要弄清楚他们是否真的听懂了。可以用一些选择题来检验，但学生们讨厌这样，而且这也不能推动深入的思考。我更喜欢给出一个讨论题，让学生们运用刚刚学到的概念和旁边的人讨论 30 秒，这样便可以知道他们是否听懂并掌握了这个概念。

有时候你可能意识到了学生们没有听懂，却不知道怎样鼓励他们提问。你要让他们感到自在，用肢体语言和面部表情表现出你很愿意解答。你可以试着静音观看自己讲课时的录像，留意一下你在鼓励学生提问时表情和动作是否亲切，会不会让他们愿意提问。如果你不能辨别，就去问问别人。

你对提问的反应能够决定课堂的氛围。当一个学生提问，你却发现他根本没有听课的时候，便是检验你的最佳时机——哪怕你只是隐晦地责怪了他，大家也都会意识到有些问题很愚蠢，问这种问题的人会被责怪。所以你需要做的只是正常回答，然后快速进行后面的内容。

另外，你要找机会夸奖学生提出的问题。通常我不会夸奖某个问题本身，但是会夸奖其中的一些想法。我会说："真是个有趣的观点。"你可以用这样的话对学生的思考表示赞许。学生提出问题后，你也可以停顿片刻，表现出正在认真考虑他的问题。

最后的建议是：如果学生始终不愿提问，那你便要思考一下你们之间的关系了。他们保持沉默并不是因为你讲得清晰易懂，而是觉得提问有风险。问问自己为什么会这样。

给老师的总结

- 开始上课时，用大纲来展示课程的结构。
- 每当开始一个新主题，都要回顾大纲。
- 用语言提示话题的转变。

- 帮助学生判断他们是否听懂，提出一些问题，让学生用刚才学到的内容回答。
- 用表情和肢体语言表示你很欢迎他们的提问。
- 适当地夸奖学生提出的问题。

第二章

如何做好课堂笔记

听懂一节课很难，记笔记更是难上加难，它是一项额外的工作。很多人都做不好笔记，这种情况很常见。

研究表明，如果一位老师把他认为很重要、应该写在笔记中的要点列出来，然后与学生实际的笔记进行对比，会发现两者只有 25% 到 50% 的共同点。从中学到大学，这个数字并没有什么变化。

这并不是因为人们太懒惰或太愚蠢。由于老师讲课的速度很快，完美的笔记是不存在的。人们说话的速度通常是写字的 6 倍（我们每分钟可以说 120 个字，但只能写 20 个字）。好的笔记需要适当的妥协。

在下面的清单中，第 1 条和第 2 条描述了听懂一节课的思维过程，第 3 条至第 7 条描述了记笔记的思维过程。

※ 听懂一节课的思维过程

1. 避免分神，将注意力集中在课程内容上。

2. 听课并理解。课程内容对你来说可能很陌生，而且很复杂。

※ 记笔记的思维过程

3. 判断内容的重要性，决定哪些要记下来，哪些要省略。

4. 思考如何概括课堂上的观点。

5. 写下（或用键盘敲出）笔记。

6. 目光在笔记本（或电脑）和老师之间移动。

7. 协调上述每一个步骤，不断地转移注意力。也就是说，你要决定何时做这些事，每一件事做多久。

通过这份清单，你会发现一边听课一边记笔记就像是同时下象棋、看悬疑电影和炒菜。你没有足够的精力，所以会略过一个或更多个思维过程。

哪些步骤会被忽略？显然，你首先要做的是快速写字或打字（清单中的步骤 5）。你的字迹会有些潦草，打字也会出错，但谁在意呢？只要能跟上进度，这不是什么大问题。

但你无法跟上。那么你会怎么做？概括观点（步骤 4）需要耗费很多精力，如果学生太匆忙，便会直接记下老师的话，而不是换一种方式来表述。但如果他们专注于记录每句话，就只能粗浅地理解其中的含义（步骤 2）。由于理解粗浅，他们无法判断哪些内容要记下来，哪些可以省略（步骤 3）。

所以，为了快速把内容写下来，你会忽略三个与理解有关的思维过程：理解观点，判断观点是否重要，概括观点。当你面临笔记跟不上进度的压力时，便会写得更多，理解得更少。你甚至会暗示自己："虽然我没有全部理解，但至少都写下来了，这样就能过后再弄清楚。"

你可能以为我会说："不要这样做！应该少写一点，多理解一点。"情况并没有这么简单。应该在理解和记笔记上分别投入多少精力取决于课堂内容和学习目标。有时，你要通过学习了解很多细节。比如，物理实验课刚刚开始，助教正在介绍今天的实验怎么做。他讲了许多细节，但并不复杂。这种情况下，由于内容很简单，你可以快速记笔记，不必把更多精力放在理解上。

下面这个场景就完全不同：你是一个高中生，历史老师对你们说，参加关于大迁徙的晚间讲座可以得到一些额外的学分。"大迁徙"指的是一战爆发后到 1970 年前后 600 万美国黑人从南方乡下迁徙到北方城镇的行为。想要获得学分，学生们需要在班里讲出他们从讲座中学到的三个重要观点。这时，强调笔记的速度便没有意义了。你要集中精力听课、理解，判断哪些内容更重要，这样才能选出三个重要的观点。

在课堂上记笔记时

你的大脑会这样做：专注于快速写字，努力跟上老师讲课的进度，不注重对课程内容的理解。

> **如何激发大脑的潜能：**平衡写字和理解内容占用的精力。
> 要根据课程的内容来决定侧重点，最好提前做决定。

本章会教你如何找到理解内容与记笔记之间的平衡点，并提供一些技巧，让你有更多的精力用来记笔记。

方法 6：
做充分的准备

时间是记好笔记的主要阻碍，因为你要同时做几件事情。任何能在课前完成的事都不要带到课上，要做好充分的准备。

带好所有需要的东西。**准备一支自己要用的笔和两支备用笔**。一支留给自己备用，另一支或许可以借给那个坐在你旁边又没带笔的人。不要用铅笔，虽然铅笔写的字可以擦掉，却很容易弄脏。如果你用电脑或平板记笔记，一定要充好电。

整理好你的物品。如果用电脑记笔记，要准备一个专门的文件夹，把讲义扫描成电子版，确保所有东西都在同一个地方。如果手写笔记，每门课要有专用的笔记本，本子要有放资料的夹层。如果需要做练习或做实验，请把它们和笔记分开，这样才会整齐有序。有人喜欢用活页本，因为每页纸都可以移动，且用一册活页本记所有的科目，就不会拿错本子了，缺点则是这样会有些重。

如果你不知道每节课需要什么，就列一张清单。要养成每天晚上思考的习惯。“我明天有课吗？”把这个问题和你每晚必做的事联系起来，比如给手机充电。要是明天有课，准备好课堂上需要的东西。如果你常常收拾好所有物品，第二天却把它们忘在家里，就把东西放在门口，这样出门时可以看到。

在视频分享网站上，很多关于记笔记的视频会让你带上记号笔和便利贴去听课，用红色的笔标出定义，用蓝色的笔标出解释。这种方法不是很有用，**而且换笔和贴便利贴还会占用时间和精力，没有必要**。

不必更换笔记的颜色，但**保持笔记整齐有序却很有用**。在页面顶端写好日期和科目，左右两侧留出较宽的边距，方便后续补充。如果用电脑记笔记，每天都要新建文件。用这样的顺序给文件命名：年—月—日（例如 22—03—18），电脑会按照你命名的日期给它们排序（不要根据创建时间来排序，因为后续某些文件还会更新）。在日期后面加上关于主题的信息。为了以防万一，用同步程序自动备份所有文件。

至少提前 5 分钟到达教室，调整呼吸，拿出物品，给手机静音。如果还有更多时间，你可以在课前浏览需要阅读的文本，熟悉课程主题（或者阅读上节课的笔记）。

这些或许都是微不足道的细节，但它们能帮助你认真听讲，不再想其他事。如果没做好这些小事，你很可能会因此分神。

一句话总结：课堂上的精力是有限的，要尽量避免做一些不必要的事情。

方法 7：
提前决定将重点放在理解内容还是记笔记上

我在前面说过，由于理解内容需要消耗更多精力，你记在笔记上的文字就会因此变少。所以，**想想你要学什么，**哪些资源可以帮助你。

我们来看两个比较极端的例子。假设你是一个大学生，正在上创意写作课。每个星期，三位同学会提交 10 页左右的原创小说，让其他同学一起阅读。你们要在课堂上进行 20 分钟的讨论，评价每个人的作品。

再假设你是一个高中生，正在上美国政府相关的课程。你的作业是：选择一位开国元首说过的某句话，将它和美国宪法中的准则进行对比，写一篇 10 页左右的论文。学生们不太理解这个作业，所以老师在课上举了几个例子：哪些人算是“开国元首”，宪法中的“准则”又有哪些。

这两种情境都需要听课。你要记笔记，但是两者对笔记的需求截然不同。在写作课上，你的笔记可以很少、很随意。每个人在讨论中都有自己的观点，你可以选择其中一些来记录。在公民政治课上，你需要记下所有的细节，并确保正确。如果出了错，你会在课后多做很多无用功。

所以，在听课和记笔记之前，你就要衡量理解和记录细节哪个更重要。大多数时候，理解比记录细节重要，因为细节还可以在其他地方看到。你能够在书中读到某些事实，而课堂的意义在于有人为你解释它们的含义。但如果你发现某节课以事实为主，而且无法在别的地方获取信息，就只能快速地记笔记了。

如果你希望在笔记中涵盖更多信息，方法很简单：快速记录，不要太在意深度理解，也不必用自己的话概括内容。也就是说，**不要纠结于你不懂的东西**。你可能会想："他说'科技创新就像缺了一半馅料的馅饼'，我不明白这是什么意思，但我可以课后再弄清楚，或者问问别人。"这句话在课后并不会比现在更有意义。如果你问别人："他说的'馅饼'是什么意思？"他们很可能会说："我不记得了。"如果方便，当场让老师解释一下（方法 5），或者把它简单地记录下来，课后再问（方法 11）。

如果你希望把注意力集中在理解上，要怎么做呢？快速记笔记，但不要记老师的原话。最简单的方法是**理解老师在说什么，并用你自己的话记下来**。这样能让你专注于理解，也能节省时间。假如老师说："由于布什总统在竞选连任期间已经筋疲力尽，他的内阁预估……也不能说是预估，或许是担心……总之，他们认为他会浪费掉新任期的第一季度，等他恢复精力，所谓的蜜月就要过去了。"你应该写的是："竞选令布什疲惫。议会担心他会因为休息浪费政治资本。"

概括还有另一个好处：帮助记忆。我会在第三章解释原因。现在，你只需要记住我的话。

一句话总结：如果课程中的细节很多，但容易理解，用更多精力记笔记；如果课程的重点很抽象，侧重于理解，用自己的话记少量的笔记。

方法 8：
尽量手写笔记

记笔记应该用纸笔还是电脑？这个问题只出现在有选择的情况下。有些课堂禁止使用电子设备，有些却一定要使用。某些情况下，电子设备不太适合。例如，如果课堂上有很多图形，电脑记录可能并不方便。在有选择的情况下，你依然要**考虑理解内容和记笔记哪个更重要。**

先说说速度。熟悉电子设备的人打字要比写字快一些。我们通常把速度看得很重要，因此会认为打字很有优势。打字会让你想要记下全部内容，因为这更有可能实现。一项实验（在新闻中被广泛报道）明确显示：相比手写笔记的人，用电脑记笔记的人更容易记下老师说的每一句话。但其他的研究并未得出这一结果，因此我们不知道这是否为一项普遍结论。总体来说，如果你不会陷入逐字听写的误区，又想记下大量的课程内容，用电脑记笔记比手写更有优势。

但由于电脑更容易让人分神，你可能会失去这个优势（甚至效果更糟）。打开电脑，你会点开邮件、社交媒体、购物网站，以及其他令你分心的内容。控制上网的冲动很困难，一旦轻易分心，你便很难管住自己了。有人带着能上网的电子设备来听课，心里想着："我只是用它记笔记。"这就像是酒鬼来到酒吧，发誓自己只吃几口小菜，却忍不住喝醉一样。关于人类的行为，一个普遍而明智的准则是：**如果能改变环境，就不要依靠意志力**。

作为老师，我很想关闭教室的无线网络，尽量改变学生们的环境。我询问了弗吉尼亚大学的技术人员，但他们说，校园中有很多无线网络。即使我关掉了教室的路由器，学生们也可以连接别的。

另一个选择是**把电脑调成飞行模式**。这样你就无法上网，从而更专注于课程内容。

还有一个问题：使用电脑可能会让别人分心。我的学生们抱怨过这一点。人类的一些生理结构导致自身很容易受到干扰：当物体在你的视觉范围内移动时，你的大脑会被吸引。进化的效果在这里体现出来。对远古的祖先来说，移动的物体可能会威胁生命，他们需要立刻警觉。多年以后，学生在课堂上无意间看到网站中的鞋子，他们大脑的丘壑会提示："这是什么？"

虽然有学生反映这个问题，但令人苦恼的是，采用正式的实验证明这一点很困难。曾有一项研究表明学生观看视频课程（并记笔记）时会被前面上网的人影响。它被多次报道过，但其他研究者并未得出同样的结论，因此我们无法得知问题的严重程度。

到目前为止，我描述的都是一些微观的情况：使用电脑记笔记时会发生什么，不会发生什么。对于研究者而言，让人们分别用电脑和手写的方式记笔记，再比较学习效率，不是更简单吗？一项基于现实生活的实验比较了两类学生的期末成绩，但这种研究方法并不完美。或许使用电脑记笔记的学生本来就不在意成绩，另一种可能是容易分心的学生更喜欢使用电脑，谁知道呢？

总之，研究并没有为这个争论提供明确的答案。作为大学老师，经验告诉我，因为网络分心是一个很严重的问题。在匿名调查中，学生们说我的课程很有趣。但几年前，一位同事旁听了我的课，他说很多使用电脑的学生都没有完成课堂任务。我也去听了学校里的其他课程，发现这个问题很普遍。

那么该怎么做呢？**如果课程不是以事实为主，不要求笔记速度，最好手写笔记。如果课程要求笔记速度，可以用电脑，但要在课前关闭无线网络**。要是这样依然会分心，就改用手写。

一句话总结：虽然相关调查尚无结论，但我认为网络会使人分心，大多数情况下你应该尽量手写笔记。

方法 9：
及时检查笔记

我会写很多笔记，而且不一定是在听课的时候。在大学里，我常常会想到一些东西，有时我的想法很好，但很快便会忘掉。当时还没有智能手机，于是我养成习惯，总是随身携带一张纸和一截铅笔。旁人一开始会觉得很奇怪，但习惯了我的这种形象后，便也不太在意了。

然而，笔记似乎也没有什么用。我相信自己能记住这些奇妙的想法，所以写下的内容总是很简短。我还记得，我在和朋友远足时想到了毕业论文的引言要怎么写。当时我记了笔记，写的是："不要忘了手指木偶。"后面几天，我花了很长时间回忆自己的论文和手指木偶有什么关系，最终也没想起来。

我在前面说过，应该写下"你当时想到的内容"（方法 7）。要记住，将来你还会阅读这份笔记。**笔记是写给未来的自己的。**未来的你需要一些背景知识和解释，但这些在课堂的短暂时间内较难实现。另外，你不需要太多不必要的细节。记得在大学，我为了上课买了一本二手的约翰·济慈诗集，前主人在上面写满了笔记。《夜莺颂》中有一行是："永生的鸟儿，你不会死去！""永生"这个词被圈了起来，旁边写着这样的批注："鸟儿，你是不会死的。"这样的笔记就有些浪费时间。

怎样才能确保笔记既简洁又清晰呢？**当老师停下来等待学生提问时，检查你的笔记能否在课后看懂。**我在第一章说过，这是检验理解的最佳时间。你知道这节课有多少彼此联系的观点，它们又如何构成一个更大的结论吗？你还应该检查笔记，看看它们是否能够涵盖你的全部理解。至少，你要检查其中有没有不完整的话、无意义的缩写、未标记坐标轴的图表。还有“手指木偶”这类内容，它们现在可能很明确，但几天后就会被遗忘。

我强调过，在听课学习时，你需要做两件事：一是充分理解，二是记好笔记，以便巩固记忆。老师停下来时，只会提醒你确认第一件事。她们问：“有什么疑问吗？”意思是：“你们听懂了吗？”她们不会问：“笔记记得怎么样？”但你要自己检查。

如果没有急事，你也可以**花点时间在课后检查笔记**。这是查漏补缺的最佳时段，此时你还记得课堂的内容。老师可能还没离开，要是有问题你便可以去问。

一句话总结：随时检查自己的笔记，确保课后可以看懂。

方法 10：
避免使用某种特定的笔记法

笔记法，但更贴切的说法或许是“笔记模板”，为我们提供了笔记的布局。比如，思维导图会让你用网状的方式记笔记。你不是在横格纸上写下句子或短语（这是传统的做法），而是只列出一两个词。你在空白的页面中心写下主题，让观点向外发散。

一些实验表明，笔记法会有一定的帮助。高中生和大学生使用思维导图、康奈尔笔记法、图表法，或者其他一些方法，以便写出更好的笔记，取得更好的成绩。然而，并没有证据显示某一种笔记法比别的更有效，因为实验不会对比这些方法，只会验证和没有指导的情况相比，笔记法提供的指导是否有帮助。一个合理的解释是，大部分人记笔记的水平都很糟糕，只要能帮助他们更深入地思考，任何方法都是有用的。

我不推荐使用笔记法，是因为它们不值得花费精力。大多数时间里，你的大脑都处于超负荷的状态，专门的笔记模板只会让你考虑得更多。

相比使用模板，我更赞成用自己习惯的方式记笔记，这样不需要思考形式，可以用更多的精力理解课程内容。**写下你能理解的短语和短句，**甚至可以想象成正在给别人发短信。至于笔记的结构，最简单方便的就可以了。我上学的时候，会使用三种标题：大写字母、数字、破折号。

到了第四章，我会教你怎样在课后将笔记整理得更完美。为了实现这个目的，我建议你**隔页记笔记，**也就是每写一页，就留出一页的空白。你可以在空白页完善笔记，重新整理结构（如果有必要）。由于我们习惯从左到右书写，最好将初稿写在左边那一页。你的课堂笔记（先写好的笔记）在左边，相关的修订在右边，这样会显得自然一些。这只是很小的细节，却很重要。（当然，如果你用电脑记笔记，修订就很简单，所以不必在意这个问题。）

关于笔记，我只推荐一个技巧：学会缩写。这也是方法 11 中的内容。

一句话总结： 不要使用专门的笔记模板。隔页记笔记，留出一些后续修订、补充的空间。

方法 11：
用缩写法记笔记

我们知道速度在记笔记时很重要，使用一些简便的缩写有助于提高速度。在下面的清单中，我会提供一些例子，它们没有什么特别之处，也不是研究得出的结论。如果你发现或创造了一些类似的缩写，或者在发短信时会使用一些缩写，也可以将它们用在笔记中。另外，我并不建议你记住大量的缩写，并在记笔记时犹豫用哪个，这样便失去了意义。你只需要每周利用空闲时间记下一两个。

因为（Because）：bc

年（Years）：yrs

和（With）：w /

不包括（Without）：w / o

包括（Within）：w / i

总数（Amount）：amt

某事（Something）：s / t

某地（Somewhere）：s / w

某人（Someone）：s / o

重要（Important）：imp

最小值（Minimum）：min

最大值（Maximum）：max

对比（Versus）：vs.

中间（Between）：btw

例子（Example）：ex 或 e.g.

在……之前（Before）：b4

等于（Equal）：=

相似（About the same）：≈

不等于（Not equal）：≠

大于（Greater than）：>

小于（Less than）：<

上升（Increase）：↑

下降（Decrease）：↓

导致（Increase）：→

变化（Change）：Δ

重复（Again）：↻

没有（None）：∅

和（And）：&

关于（Regarding）：re

尽管（Though）：tho

比较（Compare with）：cf

数字（Number）：#

也就是说（That is）：i.e.

每季度（Quarterly）：1 / 4ly

每年（Annual）：ann

找一些熟悉的词，用单独的字母来替代。在哲学课上，S 代表“主体”（subject）。在教育学课上，S 代表“学生”（student）。在化学课上，S 代表“硫磺”（sulfur）。在关于古代文明的课程中，你可能会花一天的时间了解公元前 3 世纪的美索不达米亚（Mesopotamia）文明，M 在这一天便有了特殊的含义。

你可能偶尔需要记下老师说的一整段话，或者你想出了一个好的段落，想要把它写下来。在这两种情况下，你的头脑中有一长串内容，很容易写了前面忘了后面。如果老师还在继续说话，这种情况就更容易发生。有一个很有效的方法：写下每个词语的第一个字，随后再补全其余的内容。

所以，如果你听到：“87 年前，我们的祖先在这片大陆上创造了一个新国家。它诞生于自由中，并奉行‘人人生来平等’的信条。”你会记下：“87yr 前 zx 陆 新国。诞于 zy，& ‘人 生 =’信。”然后便可以根据自己的笔记，补全其余的内容。

图形和图表会让你很抓狂。它们非常复杂，而且需要画很久。你可以用手机拍一张照，但这依然会花很多时间，而且课堂上通常不鼓励这种行为。如果你想把图表画在笔记上，首先要弄清楚它想表明的含义是什么，并用文字写出结论。请看这张图表：

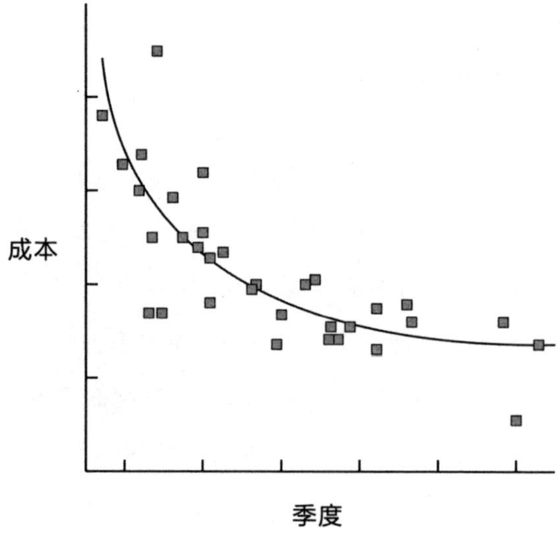

老师可能用它来说明以下（或其他）结论：

1. 这家公司成功地降低了成本。

2. 这家公司最初在降低成本方面做得很好，但后来成本降低的速度减缓了。

3. 这家公司或许无法继续降低成本，它需要找到其他的盈利方式。

如果你知道结论，就可以用简单明了的方式画下这张图，并在坐标轴中标记出自己需要的部分。比如，如果老师强调成本降低了600万美元，你便可以标记降低的趋势，并写上“600万$”。如果老师强调2008年经济衰退期间成本降低减缓，你便在横坐标上标记出这个点。以此类推。

虽然我并不建议使用笔记模板，但你可以参照它做一些标记，便于后期整理。**利用页面两侧的空白对笔记进行标注**。以下几种是你可能需要标注的内容，以及相应的简写符号：

我在这里错过了某些内容：?

我没听到这个观点，或者对这个观点感到困惑：？？

我知道这句话的意思，但不知道它和整体的内容有什么关联：？→

我把这句话写下来了，但不知道它是否正确：OK？

重要/关键的结论：*

这是我的观点，不是老师的：（我）

我的笔记引用了老师的原话：（师）

我认为这里跑题了：（跑）

缩写能够帮助你在快节奏的课堂中记下更多内容。那么如果课程有录音，要如何利用呢？这是下个方法要讲的内容。

一句话总结：记笔记时，使用自己创造的缩写可以减少精力消耗。

方法 12：
如何正确地使用录音

有些老师会为学生提供课程大纲或幻灯片。这些资源能够帮助你，但也会带来一定的风险。我在第一章就提到过（方法 3）：如果你知道自己可以随时复习老师提供的文字材料，便不会那么专心地听课了。

如果老师课后提供录音，或者允许上课时录音，会怎样呢？既然能在课后重听一遍，就不需要紧张地记笔记了吧？

你可能打算在课后重听一遍录音，补充自己的笔记，却没有做到。看视频或听音频和重新听课差不多，要耗费很多时间。

或许你以为我在指责你偷懒。但大多数人都是这样的！有的人并不懒，但是很忙。我经常问学生有没有听自己录下来的课程。他们基本没听，而且理由也很充分：他们把录音作为备用材料，本打算重新温习没听懂的内容，却发现询问同学（或我）更方便一些。在录音中找到相关的内容很麻烦，就算找到了，再听一遍也并不会有助于理解。他们需要的是另一种解释、举例或类比。

如果你在忙其他的事，可能会错过那些允许录音的课程。在过去的 10 年中，很多研究对比了现场听老师讲课和通过视频学习的效果。大部分研究结论并不明确，但我们依然可以得知**现场听课有一定的优势**。我们能想到几个原因：虽然穿着睡衣听课很诱人，但在家里看视频时，你更容易分散注意力。你可能会一边播视频，一边溜去厨房拿零食，也可能一边听音频，一边在另一个网页上看新闻。另外，你不能向视频提问题，也不能听别人的问题。我知道，在一些平台上你可以提问，还可以看到别人的问题和答案。但这些内容有时很难找到。有时某个人提了问题，但老师暂时没有回答，你只能再翻回来看。总之，在视频学习时，我们会比想象中忙碌一些。

因此，**你应该把课堂录音当作备用材料或保险措施，且最好不要有机会用到它**。因为它并不方便，效果也不大好。

一句话总结：视频或音频会让你以为在课堂上不需要记笔记，不要这样想，你不会去听录音的。

写给老师

我已经强调过，听课和记笔记脱节的原因在于速度。我给老师最简单的建议是：讲话慢一些。判断自己的语速很困难，尤其是在满脑子想着课程内容，同时又想评估讲课速度的时候。你可以问问别人你讲课的速度怎么样。

告诉学生哪些是一定要记下来的，哪些是可以省略的，这样也可以帮到他们。提到重点内容时，请停下来，给他们留出记笔记的时间。同样，如果你想让他们检查自己的笔记，看看是否完整、能否看懂，也请不时地留出一些时间。

如果你不想提供幻灯片给学生，可以考虑使用复杂的图表，这样他们就不用疯狂地花时间照着画了。在你会提供的图表上做一个标记（比如画个红点），让学生知道他们不需要忙着抄。

学生们很可能会把幻灯片上的每一个字都记下来，他们认为出现在幻灯片上的内容都很重要。通常你需要减少幻灯片上的内容，让学生少记多思考。如果你希望他们逐字记下某些内容，比如一条定义，就把它放在幻灯片上。

根据我的经验，可以随时上网对大多数人来说都是极大的诱惑，因此我建议学生手写笔记。老师要完全禁止携带电子设备吗？这个问题很难回答，但我会提供一些思路。

第一，制订规矩有一定的效果。有些老师允许带电脑，但要求只能将它用于跟学习相关的事情。然而，此时老师需要对规矩的落实情况进行监督，这会分散师生双方的注意力。

第二，思考你的课程是否偏重讲授事实，并且需要快速记笔记。这种情况下，打字可以提高学生的记录速度。但如果你的课程进度较慢，偏重思考，就不必让学生依靠电脑。

第三，问问学生怎么想。我在期末提出这个问题，得到了很多经过思考的答案。我让学生帮我决定未来的规矩——为别人选择明智的规矩要比给自己定规矩容易一些。

第四，有些学生需要用电脑辅助行动，或者患有其他疾病。要是禁止使用电脑，为了避免尴尬，请提前告诉大家：如果有同学由于某种原因必须使用电脑，可以私下申请。

最后，怎么帮助学生记笔记呢？你需要权衡笔记的两种用途。提供大纲能够确保学生完整地了解内容，但有些人会因此走神，想着："反正我已经拿到大纲了。"提供大纲的概要是一种两全的方法。学生可以看到较高层次的架构，从而理解课程结构和主要观点。但由于内容并不完整，他们也不会总是分神。

给老师的总结

- 语速慢一些。
- 如果希望学生把某些内容记在笔记中，可以给出提示，并停顿片刻，留出记录的时间。
- 复印并分发图表和图像，让学生知道这些不用照着画。
- 要记住无论幻灯片上的内容是否有用，学生都会逐字写下来。
- 某些情况下，禁止使用电脑非常有效，但需要考虑很多因素：规定的严格程度，学生的态度，课程的信息量，学生对此的看法。

第三章

如何通过课程活动学习

课堂上的很多内容都是由老师来讲解的，因为在传授新信息时，这种方式很有效。但优秀的老师都知道，学生只能认真听一段时间。无论老师讲得有多好，过了一阵子，他们总想稍微活动一下，或者和旁边的人聊聊天。所以，好老师会在课程中加入其他活动，比如课堂展示或小组讨论。还有些时候，老师很少说话，主要靠学生动手实践，比如高中的生物实验。

老师讲课时，你很容易知道自己要学什么。老师会在课堂上陈述事实，或者教你如何做一件事。但课程活动有另外的学习目标。意识到这一点很重要，因为不同的学习目标需要不同的技巧。本章我会讲述如何在不同类型的课程活动中学习。

首先，我们需要了解课程活动的三个目标。

课程活动的目标

第一，某些活动是为了学习做事的**过程**，也就是如何更好地完成一件事。亚里士多德的话便指出了这一点：“人因建造而成为建造者，因弹奏而成为弹奏者。”你在吉他课上练习演奏，或者在生物实验课上练习固定和切割动物脑髓，便是在学习做事的过程。

第二，某些活动是为了**体验**，因为体验是学习一些内容的最佳方式。我可以负责任地说，宏伟的大教堂令教徒感到敬畏，但我的描述和亲自站在巨大、宁静的教堂中无法匹敌。有些东西不能通过课堂或书本学习，比如在临终关怀中心工作是怎样的感觉。你必须亲身体会。

第三，某些活动是为了**帮助理解**，尤其是在所学的东西不能用言语表达的情况下。比如，学习圆形的知识时，小学老师会让学生在操场站成一支队伍，让一个学生作为圆点，其他学生围成同心圆绕着他走路。学生或许很容易记住圆形的周长公式（$2\pi r$），但是当他们在活动中看到靠近圆心的同学步子很小，远离圆心的同学需要跑步才能跟上时，会对公式有更好的理解。

我们来分析一下通过课程活动学习会面临什么问题。对于学生而言，它的目标往往并不明显。学生们在操场围成圆形时，或许知道这个活动是为了理解周长公式。但他们也可能认为，活动的目标在于过程——这是一项关于团队合作的训练。他们还可能以为，活动的目标在于体验——为了让他们来到阳光下，锻炼身体。

除了弄清楚学习目标，参加课程活动时，你还要知道应该将注意力放在哪里。如果不集中精力，你自然无法学到东西。一个学生在操场上转圈时，如果只想着草地会不会弄脏他的鞋子，便会错过重点。注意力和学习的关系比这微妙很多，只有弄清这一点，你才能掌握在课程活动中学习的方法。

你注意到什么，便会学到什么

一般而言，如果没有注意到要学习的内容，你便很难学到知识。有时，你以为自己知道要学什么，却并没有留意到学习内容的每一个方面，只记得自己关注的部分。

举一个例子。假如一家人新搬到了隔壁，我心里想着："为了欢迎他们搬来，我应该送一篮东西。"我打算在篮子里放一磅上好的咖啡，并计划在下班路上买。那天晚上，我开车路过杂货店，寻思着："需要买点什么吗？"我感觉没什么可买的，便离开了。然而，当回到家附近的那条街上，看见新邻居正在查看信件时才忽然想起："见鬼！我忘了买咖啡！"

为什么邻居让我想起了这件事，而我常买咖啡的杂货店却没有呢？这是因为我搜寻记忆的角度和记忆浮现的角度不一样。

当我家的咖啡喝光了时，我会记得这件东西没有了。我的家里有一份常用物清单，如果哪一件用没了，就会填补空缺。然而，将咖啡作为新邻居的欢迎礼物是另一回事。搜索记忆时，我问自己："有什么东西用完了，需要买吗？"但那天早晨，我想的并不是家里的咖啡喝光了，而是要给邻居准备礼物。

我们思考问题的特定角度是记忆的关键要素。你可能以为，只要你想到过椅子，就会记得自己想到椅子的事。事情似乎是这样，但通过刚才的例子，你会发现情况并非如此。你可能把椅子想成用来坐的东西或用胶接合的东西：如果被放在桌首，它便是地位的象征；如果发生酒吧斗殴，它便是武器。你想起它的方式决定了以后会记得什么。我曾这样描述这一现象：**“记忆是思想的残渣。”**

通过课程活动学习时，这个原则尤为重要。咖啡或椅子等物件有许多不同的属性，你发现自己只会记住那些留意过的特点，忘记其他特点。因此，你需要在活动中留意特定的内容，这会决定你能学到什么。

注意力、记忆与通过实践学习的关系

听老师讲课时，你很清楚自己应该留意哪些内容。只要认真听，你就会听到老师说他认为椅子是用胶接合的，能够代替梯凳的东西，等等。

通过实践学习时，理想的情况是由老师提供一些方向：“我希望你这样做，在过程中，要注意这些事情。”但很多时候，老师不会提供指引，因为他们不知道这会有帮助。当你知道某件事时，便难以想象别人可能注意不到或无法理解，这个问题通常被称作“知识的诅咒”。玩过比划猜词的人应该体验过这种现象。你在表演做早餐，认为自己的动作很明显，却想不到它们还有另一种解释，比如做手术。

当老师让三年级学生通过轻轻敲击水量不同的杯子演奏音乐时，他很清楚音调与杯中的水位有关。所以他认为这项活动不需要提前给出结论，也不需要引言。把答案告诉学生就像解释笑话一样，会让整件事失去趣味。

通过课程活动学习时
你的大脑会这样做： 你留意到什么，便会记住什么。你没有留意什么，便不会记住。通过课程活动学习时，你要留意的不止有一个目标。
如何激发大脑的潜能： 在活动开始前制订计划，决定自己要留意哪些方面。

怎么做到这一点呢？如果老师已经告诉你要留意哪些内容，很好。如果没有，你就要靠猜测了。这章会教你怎样准确地猜出活动的目的。

方法 13：
积极地参与其中

想要在课程活动中学习，**你需要真正参与其中**。上一对一的吉他课时，你很难逃课。但如果是小组讨论或田野调查，你便很容易逃避。要是老师认为观看其他人实践或阅读相关内容也能学到同样的东西，就不会组织这样的活动了，因为另外两种方式对所有人来说都更轻松。你需要参加活动是因为这是唯一的学习方式，请积极地参与其中。

同样，你也应该**积极地完成准备工作**。如果老师要求你提前阅读材料、带一些物品、尝试做某些事情、练习自己已经学会的内容，请认真做。忽略老师的说明意味着你没有完全准备好，另外这也会让你在活动中感到尴尬，于是在心理上退缩。

这些原因都很明确。还有一些原因虽然不明确，却非常重要。它们和我提到的记忆搜索有关：你不参加活动，不仅失去了理解的机会，也失去了自己记笔记的机会。**从别人那里得到的笔记和自己记的笔记是不一样的**。笔记能够提示你的记忆，让你重新想起课堂上的理解。你知道这些提示具有特别的角度。家中缺少的咖啡和送给邻居做礼物的咖啡并不相同。如果你没有参加活动，而是向别人询问情况，或者参考他们的笔记，你就只能得到他们记忆中的提示。

“参与”还意味着“你没有分心，也没有中途离开”。如果你平时戴眼镜，要记得戴上。准备一支多余的笔。确定电脑充好了电。不要没吃饭就来参加活动。如果你怕冷，就带一件毛衣。在活动之前上个厕所，不要中途接电话或回短信。或许活动看起来很像在辛苦学习之余放了一天假——不要有这种错觉，要积极地参与其中。

一句话总结：活动改变了学习的节奏，但请记住你是来学习的，要做好准备，保持专注。

方法 14：
如果活动简单而有趣，它可能是某种类比

有时老师让你做一件事情是为了帮助你理解某个观点，尤其是那种只用文字和图片难以解释的观点。亲眼看到或亲自探索、操作有时能让你产生更深刻的理解。比如，在数学中，描述等号的完整含义并不容易，因此老师会让学生们使用天平和筹码，每个筹码的重量和它表面的数字对应。他们可以看到哪些筹码组合能使天平平衡，怎样改变不会破坏平衡，怎样改变会破坏。物理课上，学生们会用有把手的自行车车轮进行实验，来理解角动量：随着车轮转速的提高，会发生哪些改变？

想想这个例子。一位高中历史老师让学生写下自己的《独立宣言》，也就是一封由 13 个殖民地写给国王乔治三世的信。这封信必须符合历史，但要写成分手信的形式。这个活动的目标是什么？分手信就是一个类比。类比是将你正在理解的内容比作你已经明白的内容。高中生知道分手信有三个要素：一对情侣，其中一人想要结束关系，向对方解释分手原因。学生清楚殖民地和英国有关系，殖民地想要结束这段关系。但他们只知道《独立宣言》是一份神圣的历史文件，“是革命开始的标志”，却没有想过它的作用。在分手信里，情侣中的一方会对另一方说：“我希望结束我们的关系，以下是我的理由。”同样，《独立宣言》表达的是：“英国，我很不满意。我们的关系结束了，以下是我的理由。”

从类比中学到知识的关键在于关注正确的特性。每种类比都

有重要的特性和不重要的特性。如果有人说：“律师就像鲨鱼。”他指的是两者都很顽固、无情、可怕，而不是说律师长了鱼鳃。同样，在分手信中，为了减轻收信方受到的打击，写信方会承认他也有一些错误。这个类比在这方面就并不适用，因为殖民地认为一切都是乔治三世的错。

如果某项活动是一个类比，要**关注两者之间的对应关系**。找到你已经明白的内容和你正在理解的内容中有哪些对应的元素。在这个例子里，它们的关系是：“打算分手的人对应 13 个殖民地，收信人对应英国，分手信对应《独立宣言》。”

如果你不明白其中的对应关系，请提问。我说过，老师常常希望让你们先体验活动，然后再进行解释。他们认为你的探索和思考是学习的一部分。这没有问题，但你不能等到课程结束还不明白是怎么回事。如果在活动前，老师要求你阅读一些材料或做一些别的准备，回忆那些内容也能帮你找出对应关系。

在这类课程活动中，还有一件事更加重要：**不要分心**。课程活动需要积极参与，但有时思考类比中一些无关的内容也很有趣。比如，你应该能想到，代表 13 个殖民地写分手信的学生可能会很在意这种形式，他们会花费很多时间回忆从前看过的爱情喜剧中的笑料。我曾听说在一次初中数学课的活动中，老师把课桌推到教室边缘，用胶带在地板上粘出坐标系。然后老师在黑板上写下线性方程，让学生在坐标系中形成图像，每个人代表线上的一个点。他们站在坐标系中，将手搭在下一个同学的肩膀上，从而形成线。我能看出，老师的做法是为了让线性图像更加生动

（相比把它画在纸上或电脑上），但有些初中生更在意用手搭在别人肩膀上这个动作。

课程活动是为了增进学习的热情，尽情享受吧！但是要提前知道这项活动能够教会你什么。

一句话总结：有些活动很简短，却会让你觉得很有趣，它们是为了帮助你理解一些抽象的概念，你要弄清楚这项活动是如何解释这一概念的。

方法 15：
从说明文件中学习技能或概念

有些活动带有说明，你要跟随说明上的步骤行动。比如，几年前，弗吉尼亚大学建立了一个新的网络平台，老师们可以在上面查看研究生申请课程的情况。为了学习这个新系统，我参加了半天的培训。尽管培训中也有一些讲解，但大多数时间我还是在用电脑操作。但我并不是随意地尝试，而是被布置了一系列任务，还拿到了一页说明文件。大多数实验课程都是这样：学生在做实验时，会拿到关于步骤的说明。

说明文件的目的是什么？其中一点是**方便记忆**。理论上，人们也可以通过背诵手册来学习操作新系统。但执行说明中的步骤再次体现出“记忆是思想的残渣”：你怎样使用信息，便怎样将它存在脑子里。科学实验也是一样，实验的部分目的是学习技能和方法，比如怎样使用电位计、怎样培养细菌。你可以通过阅读学会这些技能和方法，但实践会让你掌握得更快。

有些时候，说明文件还有另外的目的，比如**教你一些高级的思考方式**。除了活动本身的细节，你还能学到其他东西。例如，科学实验课的老师想要教给学生一些研究方法，但专业的科学思考很复杂，因此需要说明文件。如果只是把化学材料和设备拿给学生，说：“在醋酸中重结晶苯甲酸，看看会发生什么。”学生们不会学到太多。老师需要提出一个假设，并通过实验来验证假设，再根据假设解释实验结果，这样才能帮助学生理解。

那么，如果遇到这样的活动，怎么才能达到最佳的学习效果呢？

首先，要避开典型的思维误区。最常见的误区是只关注结果，不在意过程。这种现象很容易理解，你拿到了说明文件，认为只要正确地参照说明就可以很好地完成任务，得到预期的结果。比如你只关注：我的苯甲酸重结晶了吗？如果你正在参考视频网站上的视频修理洗碗机，那么确实更应该关注结果。但是，在实验中解剖青蛙并不是为了得到一只解剖完好的青蛙，而是为了学习。所以，要关注做事的过程。

另一个误区是不注重思考。活动为你提供了说明文件，于是你便机械地执行这些指令，却不考虑为什么要这样做。

那么你要关注什么呢？**一项活动的重点或是学习实践技能，**

或是学习研究方法之类的思维方式。这两种目的有很大差异：一种更关注细节，一种更关注宏观的思维。要分清自己学习的是哪种，最简单的方法依然是问老师（如果老师说“两种都有”，那他大概比较外行。你无法同时考虑两件复杂的事情）。要是老师没有告诉你，你可以在说明文件中找到答案：如果说明包含大量步骤上的细节，这便是一项学习技能的活动；如果说明包含问题及（或）一些能够应用到不同任务中的指引，这便是一项关注宏观思维的活动。弄清楚这一点，你便能在实践时有所侧重。

一句话总结：如果老师提供了说明，你要学习的可能是具体的操作步骤，也可能是高级而抽象的研究方法，要清楚活动的目的是哪一种。

方法 16：
认真选择问题，随时寻求反馈，最后总结

有时，学生通过实践学习是为了解决一个开放的问题。也就是说，这个问题没有唯一的正确答案。我指的不是那种半小时的作业，而是需要花费数周的研究项目，通常你要得出具体的成果。比如，在会计课接近尾声时，老师给学生布置任务：“在镇里找到一家小公司，帮助它建立一个库存、税务或工资系统。”参与这类

研究项目时，如何才能取得更好的效果？我有三个建议。

第一，**根据你想学到什么来选择项目，而不是你想要实现什么成果**。由于要提出具体的方案，你们在进行头脑风暴时，讨论的内容也通常很具体。于是你想："我能不能做一个尺蠖机器人呢？"或者"我看过吉米·坎摩尔用品客薯片的罐子制作火箭的视频"，再或者"我很喜欢用 3D 打印机"。你想到的方案或许会有很棒的成果，但过程却很无聊。如果制作机器人需要安装大量零件怎么办？或者你对于改善动物生活很感兴趣，想做一个视频，让化妆品行业的人意识到动物实验的危害，却要将大量时间花费在学习视频剪辑上，就会很抓狂。因此，**在选择项目时，你就需要开始考虑过程：这个过程能让我学到最想学的东西吗**？

思考学习目标时，要记住，你不一定需要执着于传统的学术事实和方法。（当然，你要向老师确认这一点。）如果你想学习如何更好地管理时间，便可以选择一个需要频繁工作且时间不灵活的项目，比如创建并维护复杂的水生环境。如果你以前不愿意与人合作，想要在团队中培养这方面的技能，便可以把目标融入项目，比如在当地慈善机构担任志愿者。

第二，**在项目过程中，要随时寻求反馈**。自我评判是一件很难的事，你可能知道自己做得不对，却不清楚错在哪里。我的学生们常常以为他们在提交完整的项目前不会获得任何指导，但其实不是这样。你要向老师和同学寻求帮助。他人的反馈能够让你保证进度（如果你需要一个理由的话）。你不能指望在最后一分钟得到反馈，因为这样来不及针对反馈进行改进。（关于制订计划，我会在第十章提到更多。）

第三，**项目结束后，整理思路，并进行总结**。这一步可以结合你制订的学习目标来进行。你学到自己希望学习的内容了吗？你有意想不到的收获吗？总结时，要写下一两句话。当时你会以为自己对学到的经验印象深刻，但实际上并不是这样。最好的情况是你会利用这些经验，让下一个研究项目更加完美。在项目结束后立刻总结并记下相关的内容会对你有所帮助。

一句话总结： 根据你想要学到的东西，而不是想要实现的成果选择项目；在过程中随时寻求他人的反馈；项目结束后进行总结。

方法 17：如果目的是活动本身，要了解体验和练习的差别

有时，你要靠实践学习，是因为实践本身便是学习的内容，依靠听课和阅读都没有效果。运动和演奏乐器便是明显的例子，这一类情况还包括：

- 清楚地写作
- 社交互动

- 成为好的团队成员
- 演讲
- 领导小组

这些技能中包含了很多零碎的内容，需要很多年才能掌握。它们与我在方法 15 中提到的简单技能不同，那些技能只需要几个小时便能学会，比如操作显微镜切片机或量血压。

亚里士多德曾说过实践很重要，他说得非常正确：“演奏者必须要演奏。”但情况没有这么简单。很多事情我做了几十年，但依然没有进步，比如开车、烘焙面包、打字。为什么我一直在做这些事，却没有长进呢？答案很简单：**体验和练习并不是一回事**。

做一件事的理由通常会决定你做事时在想什么，而这又决定了你在过程中能否学到东西。我开车是为了去某个地方，我的朋友亚当弹吉他是为了让伙伴开心。如果只是为了达成现实的结果或娱乐，你无法在这些复杂的技能中取得进步。我烘焙蛋糕，并不是为了做出更好的蛋糕。由于我对结果很满意，所以不会想着提高水平。现在明白了吧，你的想法决定了你能学到什么。

那些研究复杂技能的心理学家提出了比“想要进步”更具体的方法，它们能够让你取得更明显的提高。

1. **每次只关注技能的一个方面**。复杂的技能由很多部分组成，你不可能面面俱到。你无法练习“写出很好的文章”，但可以练习“选择生动的词语”或“改变句子结构”。

2. 如何选择应该关注的方面呢？一些技能有自己的学习顺序，比如练习弹钢琴时，你要从音阶和节拍开始。对于那些没有学习顺序的技能，你可以**从看起来很基础但自己并不擅长的部分开始**。坚持练习，直到变得擅长，然后再推进到下一个不擅长的部分。

3. 怎样知道自己不擅长什么？也许你的弱点很明显：玩高尔夫球时，我的开球总会跑偏，但我并不知道原因。**反馈很重要**，你不仅要知道结果，还要知道哪些事情导致结果不尽如人意。通过自我观察，或许你能得到很好的反馈，但最好让比你更擅长这个技能的人观察你，并告诉你哪里做得不对。

4. 通过反馈，你会发现："噢，我在这方面很糟糕。"但这还不够，你需要**创造并尝试新的方法**。当你发现自己在论文中总是用同一个词，就会翻出同义词词典，再挑选一个词。如果别人说，这些替代的词意思不够准确，也就是说你的方法不奏效，那么再想想还可以尝试什么新方法。

5. **专注自己正在做的事**。这像是一句废话，但刻意练习和随便去做最大的差别便在于此。体验能让你毫不费力就做成一件事，因为经常做，你就像开启了自动控制系统，几乎不需要思考过程。但练习时，专注技能的一个方面，尝试新方法，检验结果，这是很辛苦的脑力劳动。事实上，如果你觉得练习不够累，可能是因为方法不对。

6. **进行长期规划**。复杂技能需要花费很长的时间来掌握，而练习所需的时间取决于技能本身和你的效率。制订计划时，你要以年为单位，而不是周或月。

你可能会因这份清单而沮丧。我刚刚也说过，进步是很困难的事情，需要漫长的时间。在第十章中，我会讲到关于动力的问题，但你也要记住，这条漫长、艰辛的道路尽头有丰厚的嘉奖。当然，沿途实现一些小目标也会带来快乐。

一句话总结：如果从事一项活动的目的是提高表现，简单的重复并不够，想取得进步需要专门的练习。

方法 18：如果目的是体验，要计划好观察哪些事情

有些活动的学习意义不可替代，比如和警察一起上夜班、探访躁动的精神科病房、观察正在交战的部队。你也可以通过阅读了解这些事，但只有参与其中，才会有强烈的感觉。这些经历能够改变一生。

深度体验让这些课程活动拥有了独特魅力，但它们也有缺点。对于激动人心的场景，你就像是在看电影一般，却只是感到很刺激，很难说出自己看到或听到了什么。

为了减少这种情况，你需要**提前规划自己希望学到哪些东西**。如果你和一位律师一起来到监狱，听他和等待审判的客户交谈，你要关注他如何与那些人谈论未来。如果你跟随着一位医

生，或许你要关注他如何向未经训练的人解释复杂的医学观点。

如果你的课业中包含体验式学习，很可能会有相关的作业。你要写下自己的想法，或者回答一些关于体验的问题。如果是这样，**作业会影响你观察的内容**。在出发前思考这份作业，确保你能根据自己的体验完成它。

这种作业通常很模糊，比如“用两页纸来描述你的体验”。这种情况下，你可以尝试在出发前写下自己的想法。你期待看到什么？你希望自己有哪些感受？你会把自己要参观的地方比作什么？你觉得自己还想再去一次吗？你认为那里的人是怎样的？他们会做些什么？我依然希望你挑选出重点观察的内容，比如那里的人、那个地方、其中的某些东西。这些预测能让你更轻松地写出观察作业，你可以将自己的期望和实际的体验进行对比。

一句话总结：如果活动的目的在于体验，而你无法通过其他方式学习这些内容，提前规划要观察哪些东西。因为现场总是激动人心，你无法分心去想学习的事情。

方法 19：
体验时别忘了做笔记

课程活动的优势在于它们很有趣，但这也会导致你不太想记笔记。体验时，你可能太过投入，忘记写下自己对此的想法。就算你还记得笔记的事，也会觉得没有必要，因为这些活动似乎非常难忘。

但你通常只会记得事情的一部分以及你的感受，却会忘记自己的想法。比如，你观察幼儿园的课堂，会记得小男孩弄倒了小女孩搭建的积木大楼，小女孩打了小男孩，然后两个人都大哭起来。你还会记得这个小女孩没有等每个人都拿到饼干再吃自己那一份（她本该这样做）。你认为这两件事彼此相关，却忘记了为什么这样想，针对这个现象要询问老师什么问题。（其实它们都是难以控制冲动的例子。）

不要忘了记笔记。如果活动中有时间，就当场记。如果没有，就在活动刚结束时记下来。要记住，笔记具有强化记忆的功能：它会让你注意力更集中，并用语言表达出自己学到的东西。你可能会参加与活动内容有关的测验，或者写相关的作业，因此，用笔记提醒自己学到了什么。

方法 14 至 18 显示，老师选择各种活动是为了不同的目的，你要根据这些目的决定在活动中关注什么。活动期间，你记笔记的时间可能会很少，那么**最好把活动目的写在每页开头**。这样你便会关注一些特定的方面，并把它们记下来。如果你担心忘掉记笔记，可以把手机设置成每隔 10 到 15 分钟震动一次，用来提醒自己。

一句话总结：你可能会觉得在活动中记笔记很尴尬，而且没有必要，但你依然应该这样做；如果活动中没有时间，就在刚刚结束时记笔记；即使通过活动来学习，你还是很容易忘记所学的内容。

方法 20：
站在老师的角度看问题

很多老师在课上布置学习活动时会紧张，原因有几点。

第一，他们认为自己交出了控制权。讲课时，老师知道自己在传授知识，传递信息。让学生做一些事情时，虽然老师希望他们能学到东西，但并不确定能不能实现，有时甚至不知道他们是否在完成布置的任务。

第二，想出好的活动很难。老师既要让学生们觉得活动很有趣、很有挑战性，又不是非常困难，还要让他们从中学习。即使某项活动在一个班级很成功，在另一个班级也不一定同样成功。学生的知识储备和兴趣点有所不同。而老师有时也不清楚为什么，只知道 9 点 30 分的课很热闹，14 点 30 分的课很冷淡。

第三，在活动过程中老师会很焦虑，因为他们需要兼顾许多需求。老师要查看每个人的进度、帮助学生（或小组）解决问题、留意时间，还要判断一切是否按照计划进行，如果没有，他便需要进行补充性的解释。

作为学生，如果课程顺利进行，你会在活动中学到更多。除了最基本的集中注意力和积极参与，你还要做到下面几点。

第一，**如果老师一直在关注你是否做了该做的事，要理解他们**。老师并非不信任你，而是很紧张。在有些活动里，老师很难判断学生是否真正参与其中，他们希望一切顺利进行。

第二，**如果老师忘了告诉你活动的目的，请礼貌地提问**。当然，你的措辞很重要。如果你问："嘿，这活动是干吗的？"就显得太随意。或许可以问："我们应该在活动中关注什么？"

第三，**让老师知道你有没有学到东西**。如果你担心这像是在对老师指指点点，可以用一种简单的方法提供反馈。告诉老师：（1）你做了什么（老师便知道你努力了）；（2）你认为这有什么意义（老师便知道你思考了）。比如，"我做了这件事，又做了那件事，于是产生了这样的结果。基于这些情况，我得出了这个结论。请问这样对吗？"也就是不要直接说："我不明白。"让老师来判断你是否弄明白了。这种反馈对老师很有帮助，如果很多人都不明白，他们可以提供更明确的指导，也可以彻底放弃这个活动，换一种形式。

一句话总结：组织课程活动会让老师很紧张。积极提供反馈，告诉老师进展怎么样，他能如何帮助你，这有助于活动顺利进行。

写给老师

本章有一个贯穿全篇的主题：让学生知道他们能从你的活动中学到什么，以及怎样才能学到。对学生而言，这就是在活动中充分学习的最佳方式，也是最简单的方式。

我们来看看这个建议包含哪些内容。在前面，我建议学生“积极参与”，其中包括了阅读材料和其他准备工作。但是，学生不一定会完成这些任务。为了鼓励他们充分准备，你可以进行测验（或者其他的评估方式）。我的方法很简单：让学生告诉我重点是什么。这种方式并不难，也不紧张，但如果学生没有阅读，我便会知道。

如果你开展的是一项有说明文件的活动，比如科学实验，最重要的是和学生探讨学习目标。如果不需要担心实验“结果不对”、他们应该关注什么，你不仅要把目标告诉他们，还要告诉他们“如何实现”，这样学生们才能真正学到东西。

另外，确保提供的材料能够支持你的目标。如果实验说明不够清晰、完整，学生们自然会在实验方法上花费大量时间，思考要做些什么。如果你希望学生思考宏观的问题，就要保证他们已经很了解微观的步骤，或者实验说明提供了完善的指导。

关于研究项目，要知道一般的学生几乎没有相关经验，他们在选择目标、制订计划和日程、应对突发问题等方面都是彻底的新手。你应该把项目规划和执行作为讲课的主要内容。学生需要知道如何将一个项目拆分成许多简单步骤，每个步骤他们都需要获得评价。

小组项目也是如此。大部分学生没有团队合作经验，他们不知道怎样成为优秀的团队成员。毫不意外，学生们总会担心其他人影响自己的成绩，或者自己要替别人完成工作。几年前，社交媒体上流行过这样一张名为“小组项目教会了我们什么”的饼状图，其中一小块写着“项目内容”，另一小块写着“团队沟通技能”，而最主要的部分写着“我讨厌我的队友”。

为了不让学生担忧成绩，我提议建立一些正式的评价机制。我的方法是，在项目结束后，学生根据以下几点互相打分（也给自己打分）：（1）任务的难度；（2）本人的努力程度；（3）完成的质量。我告诉学生，这些分数能改变每个人的成绩，这样他们便会更加认真负责。

活动是很好的学习方式，学生们觉得很有趣，也能从中学到东西。但不要以为在学生们进行实践时，你的工作量会因为不需要讲课而减少。根据我的经验，设计活动、指导活动顺利进行、确保活动的有效性会比讲课耗费更多精力。

给老师的总结

- 告诉学生应该在活动中学到什么，要注意哪些内容。
- 如果活动需要提前准备，可以用课前测试或其他评估方式检验学生的准备情况。
- 如果学生担心自己“做得不对”，而这并不是你希望他们关注的点，可以提供详细的说明，让他们能够明确判断进展是否顺利，也可以直接告诉他们结果不重要。

• 如果布置了研究项目，要指导学生如何管理项目。

• 如果布置了小组项目，告诉学生怎样成为优秀的团队成员。学生会担心同伴不努力，要打消他们的顾虑。

第四章

如何整理笔记

2007 年一项针对大学生的调查显示，半数学生认为自己的笔记很混乱，难以理解。根据我的经验，这大概意味着另一半学生只是没有意识到自己也有这个问题。

好吧，这是个玩笑。其实，如果你认真采纳了前两章中的建议，或许你的笔记还说得过去。我强调过记笔记是复杂的脑力劳动，不可能一下子就做得很完美，因此你需要回顾自己的笔记，把它们变得更有价值。

我在第一章中说过，学生们一般会记下新的事实和定义，以及最常被提到的宏观主题，但他们常常会错过事实和观点之间的联系。

我还提到，好的结构对理解很有帮助，回顾笔记是为了确保自己理解了全部内容。但好的结构还有另一个重要作用：让内容变得更容易记住。

好的结构有助于记忆

一个经典的实验揭示了好的结构有助于记忆。一群被试者拿到 26 个词语，需要努力记住它们。其中半数的人看到了树状图的结构，类似下图。

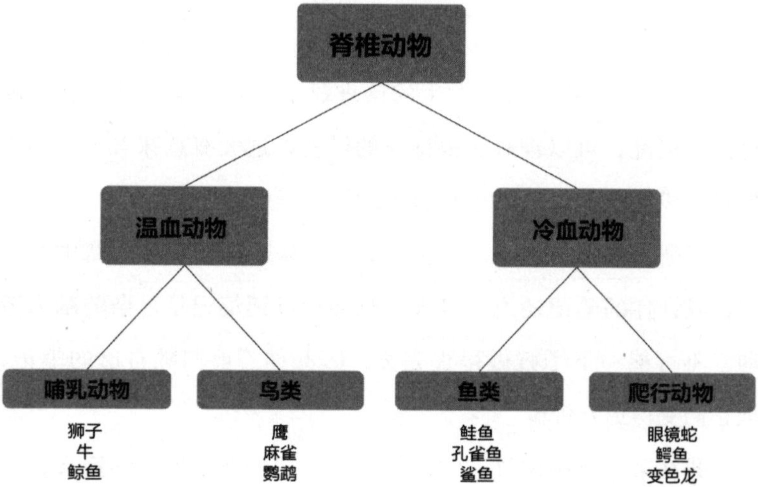

另一半的人看到了同样的词语，也排列成树状图，但随机分布，于是这个结构便失去了意义。

实验者告诉他们不需要考虑结构，只需要记住词语。然而，看到分类版本的人记住了 65% 的词，看到随机版本的人只记住了 18% 的词。**结构能将你想记住的内容联系起来**。

再看这个例子。假设我要你记住这些词：苹果、熊、狗、首先、叶子、男、然后、电话、飞行员、抽烟。

如果把它们组成句子，会容易记忆很多，虽然这个句子没有什么意义：首先，狗用苹果叶子抽烟；然后，飞行员给男熊打电话。

如果你记住了“飞行员”，就会想到飞行员在做什么：他在打电话。如果记住他在打电话，就会想起他打给谁：打给熊。以此类推。

课后整理笔记是个好办法，但是为什么没有人这样做？部分原因是进化使人类产生了偏见，让大脑只留意新的事情。熟悉的事物是安全的——如果它们没有在过去造成威胁，那么未来也不会——**因此我们认为似乎没有必要去关注它们**。我们了解这些事，也知道它们不会把我们怎么样，于是大脑想要向前看。当你回顾今天在课堂上记的笔记时，很快就会不耐烦。你想：“好了，好了，这些我都知道。”大脑想让你去探寻新的信息。在这种情况下，不要受冲动的影响，也不必急着探寻新事物。做到这一点，你会受益匪浅。

整理笔记时
你的大脑会这样做：认为内容很熟悉，没有必要回顾和整理笔记。
如何激发大脑的潜能：忽略这个想法，意识到笔记的信息和结构还不完整。

人们总觉得重新整理笔记浪费时间，只把它当作正式学习的前奏。但**整理笔记不仅会使学习更轻松，其本身也是一个学习的过程**。在整理时，你需要处理信息、思考含义。而且，正如第三章所说，你会记住自己思考的内容。

应该怎样整理笔记？我们来看看这些方法。

方法 21：在各项内容之间寻找关联

我在第一章说过，听课时你很可能会错过课程的深层结构。某些彼此关联的观点并不会连续出现（比如，B 是由 A 导致的，或者 B 是 A 的例子），即使你刻意寻找关联，也依然可能错过它们的关系。在本章中，我提到了掌握结构不仅能促进理解，还能辅助记忆。**如果你想确保自己掌握了材料中的每一个内容，最好的办法是重新构建课程的完整逻辑结构**。

通常，课程具有层次结构，它包含了一个主题和三至七个要点，每个要点都有支撑的证据。比如，某节课的主题是“美国西部神话在 19 世纪末期诞生”，要点一共有三个，每一个都对应着美国东部居民的一种错误观念：（1）虽然西部与东部交流频繁，而且有商贸往来，但东部居民将西部看作另一个国家；（2）虽然移民导致了人种多样化，但东部居民认为西部主要居住着白人；（3）东部居民认为西部是由野人创造的，缺乏城市、电力、工业的支持，但其实这三个要素在西部的发展中起到了重要作用。每个要点都有例子、其他课程中的参考结论、解释，等等。

比起单纯地思考，**画一张树状图更加有效**。信息太多，光用脑子想可能会很混乱，你会因为忘记一些事实而感到困惑。把你的想法画在纸上或电脑上。用方框代表“美国西部神话在19世纪末期诞生”等结论，用直线把相关的结论连在一起。比如，你可以将“东部居民认为西部主要居住着白人”和“美国西部神话在19世纪末期诞生”连起来，因为它是这个大主题的例子。

用方框和直线构建层次结构时，你要注意两点。第一，**方框中的结论要具体**。比如，这节课的主题不是“美国西部”，而是更详细的内容。学习新知识时，人们总会陷入泛泛之谈，因为这样更有安全感。如果我让学生写一份论文框架，他们总会先从“引言”写起。根据我的经验，学生认为概论更加理论化，更具学术性，其实并非如此。老师会从某个特定的角度来讲述课程内容。你会在课堂上了解到一个有结论的观点，而不是一些互不相关的事实。

第二，构建层次结构时，**要知道这些结论为什么连在一起**。你可以在连线时做个标记，典型的关联包括：

- 提供证据
- 例子
- 详细解释
- 原因
- 逻辑关系

重新整理笔记还有另一个好处。听老师讲课和阅读材料时，你很难注意到它们之间的关联。我在第一章说过，老师会将课堂上的新知识（会使学生困惑）和阅读材料里的内容（会让学生觉得无意义和无聊）串联起来，使教学变得不那么单调。它们之间会有一些重叠，但是很少。通过重新整理笔记，你便能够总览这节课，并思考课程和阅读材料有哪些关联。（在第五章，我会讲述如何通过阅读高效地学习，其中也包括在阅读时记笔记。）

一句话总结：做笔记已经让你对课堂结构有了一定的了解，但这还不够，课后你可以用树状图描绘出课堂中的各个要点是如何关联的。

方法 22：
找出笔记中的漏洞

画出代表课堂逻辑的树状图，你便能**更好地判断笔记中缺少什么**。找回缺失信息要趁早。理想状况下，笔记的整理工作要在听课当天完成。

通常，你要标记的缺失信息有两种：**事实**和**关联**。当你在课堂上错过老师的话，或者不理解某一段很长的解释时，便会标记在笔记上。你无法意识到自己错过的一切，但标记出这些内容是一个很好的开始。

构建树状图会让你注意到其他缺失的内容。或许你写下了一个事实，却不知道为什么老师会提到它。它是孤立的，和其他任何内容都没有关联。例如某节课讲的是《圣经》中以利亚的部分，你却记下了“旱谷”的定义，以及它是如何形成的。你只是机械地写了下来，却不知道老师提到它的作用是什么。

除了缺失的关联，你还要找出缺失的内容。如果你的笔记上写着：“通常，有 5 种地图会用于勘探。”那么你就要列出 5 种，而不是 4 种。你还要留意老师提出了几个支撑结论的观点。假如你的笔记上写着：“罗马帝国的灭亡常常追溯至 476 年，因为皇帝被废黜了——错误，文、经继续。”也就是说，皇帝被废后，罗马的文化和经济生活还在继续。但想要证明 476 年这个时间节点不准确，这只是其中一个证据。关于这个大结论，你发现笔记上只有一个支撑观点，便会怀疑或许老师讲了更多，但你漏掉了。

你可以把关于笔记的问题写在便利贴上，让它们从本子中露出来。还记得吗，我曾建议你隔页记笔记（方法 10）。这样做是为了留出更多空间，以便在旁边添加缺失的内容。只要弄清便利贴中的疑问，你便会获得全部的信息。

如果你用电脑记笔记，可以直接把问题打在笔记中信息缺失的地方。为了方便过后查找，你可以在每个问题后面加上“TK”，这样只需要找到以“TK”结尾的内容。[“TK”代表“待解决”（to come），而且这种字母组合很少出现在英文里，所以更容易找到。但如果你上的是关于“阿特金斯健康饮食法”的课，就要换两个字母，因为阿特金斯（Atikins）中含有 TK。]

怎样解答这些问题呢？你可以通过阅读材料寻找答案，但老师或许会提到材料中没有的细节。**当心那些老师没有指定的材料**。关于你要寻找的“事实”，它们的说法可能不一致。在大部分材料中，“腰肌”的定义都是相同的，但“为什么不能将 476 年看作罗马帝国灭亡的时间”却有很多种答案。

下一步，你要询问在这节课上记过笔记的人。如果不知道要如何求助，请接着读下去。

一句话总结：利用你构建的结构判断笔记中缺失了哪些事实或关联。

方法 23：
把记笔记当成一项团队活动

你应该很清楚学习小组对于完善笔记有哪些帮助：你可以将自己构建的结构（方法 21）**与别人的进行对比**，判断哪些地方需要改进。你还可以**填补在笔记中发现的空缺**（方法 22）。每个听课的学生都会错过 50% 的内容，但大家错过的东西不同。以下是一些组建学习小组的方法。

每周见面是很有意义的，因为你们可以在一次会议里解决这一周大量的课堂笔记。如果根据需求见面，那么确定会议时间会比较困难。

小组的最佳人数是三至六人。你们需要不同的观点，但如果有太多人参与，便会出现心理学家所说的“责任分散”现象：由于小组太庞大，人们不愿做自己该做的事，每个人都认为别人应该承担这份责任。

如果你认识课堂上的同学，便很容易找到组员。如果你不认识，就用这几种方式吸纳组员。你可以直接去课上问，还可以在教室的电子黑板发布公告，征集对学习小组感兴趣的同学。你也可以让老师帮忙宣布，请想要加入学习小组的同学课后留下来。

选出适合合作的人同样重要，有的人比其他人更适合作为组员。有些成员无法坚持下来（比如不参加活动、不认真准备、不积极沟通），如果这是因为他们很懒惰，而不是能力不足，便更加糟糕。如果某些人很努力，就算贡献不多，大家也可以原谅他们。但如果他们完全不上心，就会被大家讨厌。

想要解决这个问题，**一开始就要明确组员的责任**。设置一些基本规定，表明对小组的期望：多久见一次，每个人要准备什么，会议时能否使用手机，谁来主持会议，等等。如果在组员第一次见面时就提到这些内容，可能会有一两个人翻白眼，想道：“这也太紧张了。”或许确实有些紧张（当然，你们也可以愉快地解决这些问题），但每个人对小组的期望有很大差异，明确这些规定可以让组织更好地运转。

我说过，“拿到笔记”不能代替听课。你阅读的笔记是别人的记忆提示，有他们自己的用途。然而，查看别人的笔记总比什么都不做更好。查看三个人的笔记要比看一个人的笔记更好。

既然如此，不要给每个人分配任务。也就是说，**不能把笔记摊派给每一个人，再共享大家的成果**。将团队的努力看作额外的好处，用它来完善自己的思维，而不是减轻自己的负担。

构建结构不是学习前的准备，而是学习的过程。在这个过程中，你会进一步理解和记忆课程的内容。从别人那里获取课程结构不需要付出脑力劳动，但你也无法获得同样的收获。

一句话总结：加入或组建学习小组能帮助你填补笔记空缺，完善笔记结构。

方法 24：有针对性地向老师提问

在之前的方法中，我提到了要按时上课、认真听讲、努力记笔记、重新整理笔记（尽量在当天完成）、和别人一起检查并完善笔记。即使做到了这些，你可能还会有不清楚的地方，于是就需要去找老师。并不是每个老师都很热情，因此有些学生会紧张。根据学校的要求，老师总会说："你们可以随时问我问题！"但有些老师却想在脖子上挂一个牌子："别来烦我。"如果你想要提问，但老师的脾气又很糟糕，你可以这样改善状况。

准备问题很关键。假如我在课上讲了45分钟关于视网膜的内容，你来到我的办公室，说："嗯……那个视网膜，我不太明白。"我会很生气，因为我觉得你没有努力理解课堂内容。**有针对性的提问**能够体现出你在认真学习。（简短地）**告诉老师你听懂了哪些内容**，还有哪些没有听懂。还记得我说的话吗？学习小组里的某个人做事很吃力，但你认为他努力了，就不会介意。老师也是一样，也许他们更加看重努力。

有时，学生向老师提问并不是因为他们需要帮助，而是觉得这样会给老师留下好印象——提问能够体现出他们对这个学科感兴趣！还有些人也想给老师留下好印象，但他们只是聊一聊与课程无关的话题，或者赞扬老师讲的内容。

这些学生有一定的道理：让老师喜欢你确实有一些好处。但如果你想和老师搞好关系，最好通过成为一个模范生来这么做。你可以拿着有很多便利贴的笔记本来找老师，每张贴纸上都有一个关于课堂内容的问题。你也可以问一问这个领域有哪些工作机会。就算老师认为你在扮演什么角色，至少也要看起来像样一些。老师不会因为喜欢你而给你高分，但当你遇到意外状况需要给作业延期，或者申请学校需要推荐信时，老师若记得你在学习上很认真，就会更愿意提供帮助。

一句话总结： 如果你想在填补笔记空缺时向老师求助，却又很不好意思，可以充分准备并说出自己理解了哪些内容——充分的准备一定会赢得老师的好感。

方法 25：
笔记不一定要做得漂亮

根据社交媒体的报道，学生回顾笔记时，最常用的方法是重新抄写或装饰，从而让笔记变得更美观。在社交分享类网站上，你会看到大量让课堂笔记变得漂亮的技巧（有些内容的观看量有上百万）。华丽的字体、页面边框、花哨的分隔线、画在标题周围的方框——人们在这件事上表现出惊人的活力和创造力。但这些能帮助学习吗？

从认知的角度看，**抄写这一行为不会促进理解或记忆**。我在第二章提到，逐字记下课堂内容会让你的理解很肤浅，就好像词句直接从耳朵跑到了笔尖。抄写笔记也是如此。思考会帮助记忆，但你重新写下这些词句时，并没有考虑它们的含义。一些喜欢抄写笔记的学生说，他们觉得这种方法能够帮助记忆，这或许是因为他们在抄写时经过了思考。然而，相比第六章中的学习方法，抄写的效率要低很多。

你可以将抄写或者装饰笔记与我在方法 21 中提到的重新整

理结合起来。喜欢装饰笔记的人会说，漂亮的笔记会让他们更热爱（或者至少更愿意）学习。我没有见过这方面的研究。如果你觉得画一些边框、方框或使用彩色标题很有帮助，我也不会制止。只需要记住，简单的抄写不会帮助记忆或理解。抄写时，使你获益的其实是其他的认知过程，而这些过程本可以用更简单、更可靠的方法实现。

一句话总结：装饰笔记不会帮助理解或记忆，但如果你很享受它的过程或结果，这样做也没有什么坏处。

写给老师

你知道学生们的笔记不够完美，也知道他们不愿意按照我的建议回顾笔记。要怎么帮助他们呢？

一个简单的方法是提醒学生注意到他们的问题。大多数人不会意识到自己的笔记水平并不高，用 15 分钟在课上说明这个情况。首先，你可以进行一次不太难的突击测验，所有的问题都来自同一节课，学生可以在回答时查看笔记。当学生们发现笔记不完整后，向他们介绍本章中这些能够解决问题的方法。为了让学生及时、完整地记笔记，你也可以经常进行开卷测验。

你可以在课堂上宣布学习小组的消息，并让感兴趣的同学课后留下。这样做很轻松，但容易忽略课后有事或那天没来上课的学生。给每个人发邮件要更可靠。你可以收集对此感兴趣的学生名单，用邮件发给大家，或者使用网页以及手机应用（比如“兴趣小组”）来进行通知。

如果你知道学生的笔记不完整，那么是否应该采取措施，确保他们记下了所有的内容？我觉得这个问题没有唯一的答案。每种选择有利有弊，我列在了下面的表格中。

解决方式	优点	缺点
什么都不做	对你来说很轻松。其实大部分学校不会要求老师帮助学生完善笔记，因为多数人意识不到这个问题	有的学生会错过很多知识。那些写字快，或者课前了解过相关内容的学生会有一定优势
如果有复习课，用这些时间解释内容，回答疑问	对你来说很轻松。可以从复习课组长那里了解学生的困惑	复习课本来可以有其他用途，比如讨论或者将观点应用到实际生活中
用教材或其他阅读材料填补缺失	有了书面材料，学生会很有信心	如果课堂内容和需要阅读的材料都很多，学生会感到厌倦，并因此逃课
通过线上讨论，回答关于课程内容的问题	了解学生对课程的理解情况，确保他们学到正确的知识	要花费很多时间

如果学生的笔记非常不完整，或许不该让他们在课堂上学习，毕竟这种情况下只有一次理解的机会。通过阅读或音频完成这部分内容，这样他们便能随时复习了——你以为这种方式可以大幅减少学生笔记中的漏洞和理解的缺失吗？

在新冠病毒流行期间，很多大学老师快速地掌握了这类方法。由于学生们位于不同的时区，老师无法实时讲课，只能把课程录制下来。一些学生很适应这种方式，但大部分人不会主动观看视频课。

当然，当时的情况不能公正地检验线上学习的效果，因为学生们在那段时间对病毒很恐慌。但录播课也不是刚刚出现。2010 年左右，这种学习方式快速发展。那时有一种结论：如果学生在家里通过视频学习了基本内容，他们便能够在课上解决问题或讨论，而老师的作用是提供帮助。然而，情况和 2020 年到 2021 年新冠病毒流行期间一样，很多学生并不看视频。

虽然边听课边记笔记很困难，但学生依然希望能有一个活生生的人为他们讲课。因此，老师还是应该尽量帮助学生改进笔记的缺陷。

给老师的总结

- 采用第一章和第二章的方法，尽量在讲课时让学生掌握更多的事实和结构。
- 告诉学生他们的笔记并不完整，而且很混乱。如果意识不到问题，他们就不会改进。为了实现这个目的，可以进行一些难度不高的开卷测验。

- 帮助学生组建学习小组。
- 如果想在课后帮学生完善笔记，认真考虑要怎样做，每种选择都有优点和缺点。

第五章

如何阅读复杂的内容

教材通常很难读，因为它的内容往往非常密集，需要使用较少的文字传达大量的信息。作者广泛而全面地介绍了一个主题，而不是选定某些细节，勾勒出一个有趣的故事。即使教材很无聊，老师依然会要求学生阅读。这确实是一个问题，而且难以避免。

然而，你在阅读教材时难以保持专注，还有一个更隐秘的原因。如果想要了解，就读一读这段话。这是高中教材中的典型内容。

> 美国制造核武器的计划被称作“曼哈顿计划”，它是科学史上最大的工程，由于计划的敏感性，美国人非常注重保密。著名的科学家外出时都使用化名，比如恩里科·费米的化名是亨利·法默。试验区的所有通话都受到监控。尽管如此，历史学家认为，如果不是由于计划的规模相对较小，这个秘密不可能被守住。

你注意到了吗？第一个和最后一个句子存在矛盾。这是一种研究方法，用来测试人们的理解程度：将错误或矛盾插入一篇文章中，观察读者能否注意到。读者需要给每一篇文章的写作水平打分，并解释给分原因。

读者很容易发现他们不懂的词语，也会注意到语法或句子的错误，但他们**难以看出两个句子彼此矛盾**。40% 的高中生看不出这段的矛盾之处。也就是说，读者只是看懂了每一个句子，却以为他们读懂了整段内容。

在阅读中，句子之间的关联很重要，因为一个句子在不同的背景下代表不同的意思。试试在不同的语境中思考“马克西姆挥了挥手”这个短句的含义。

> 安走进比萨店，寻找自己的伙伴。马克西姆挥了挥手。
>
> 小船绕着失事的大船缓缓行驶，寻找幸存者。马克西姆挥了挥手。
>
> “噢，天哪，那是我丈夫！”凯特低声说。“不要让他注意到我们!”马克西姆挥了挥手。

这句话出现了三次，意思没有区别，马克西姆做了同样的动作。但更重要的是，他为什么挥手，会带来怎样的结果。每句话中的情况都不一样。只有根据前文的内容，你才能弄清楚。

我在第一章说过，课堂的内容难以理解，是因为它具有层次结构，互相关联的观点不会连续出现。我还说，如果你把自己当成电影观众，只期待一个有趣的故事，就无法从课堂中学到东西。但问题在于，我们很喜欢那样听课。

阅读教材也有同样的问题。作者按照层次组织了材料，因此**读者需要将现在读到的内容和几页前的内容联系起来**。但读者也和听课的人一样，希望文本结构更简单。我们小时候会读故事书。故事很容易读懂，因为它的结构很简单，而且是线性的：A 导致了 B，B 导致了 C，以此类推。教材和课程类似，都拥有层次结构和复杂的内容。正如听课时只想听到轻松的故事，阅读教材时你也希望作者写得简单一些。然而，阅读教材与阅读故事的方式并不相同。

通过阅读学习时
你的大脑会这样做：它会用娱乐的方式阅读，因为你很熟悉这种方式，不会意识到它没有效果。你相信作者能够清晰而简单地把全部关联展现出来，因此不会去统筹各个观点。
如何激发大脑的潜能：采用一些特定的技巧。它们要是适合你阅读的材料，也要适合你的阅读目标。

通过阅读学习是巨大的挑战，但如果你学会了一些技巧，就更容易按照作者的想法将各个观点联系起来。

方法 26：不要只顾着阅读和划重点

为了学习而阅读时，人们普遍会采取这种方法，我们便从这里说起吧。他们翻开书，开始阅读，一旦认为某些内容很重要，便用荧光笔标记出来。他们认为标记有助于记住信息，也能够指导学习，过后只要重读有标记的部分便可以恢复记忆。

这种方法很糟糕，因为它没有考虑到，人们总是无法将不同句子和段落的含义联系起来。如果你最初的理解不够准确，如何能标出最重要的信息呢？另外，由于你第一次阅读相关主题，对它其实并不了解，那么就算你透彻地理解了所有内容，又如何判断你标记的东西真的很重要呢？

这里有两个问题：一是你并没有完全理解，二是你没有准确地判断重点。它们都表明**人们无法标记出最重要的信息**，研究者用简单而聪明的方法验证了这一预测。他们挑选了三门课，每一门课都在大学书店买下 10 本用过的教材。如果筛选重要信息是一件很容易的事，那么每个人都会标记同样的内容。然而研究者发现，学生们标记的重点很少有重叠。正因为如此，我会给这本书的重点内容加粗，替你们做好标记。

要记住，我没有建议你们"不要标记重点"。**如果你正在阅读的是一个自己很了解的主题内容，标记重点是可行的**。比如一个当了 20 年政治顾问的人正在阅读最近完成的全州竞选的简报，他就可以这样做。由于深入了解过这个主题，他能够很好地理解文件，也能利用自己的知识判断哪些信息很重要。

而当你是一个大学生，在政治科学课上阅读同一份材料时，显然无法和政治顾问理解得一样好。因为你缺乏必要的背景知识，而他比你更清楚自己会读到哪些内容。他知道这类文件通常包含哪几种信息，能够起到什么作用，这是作为新手的你完全搞不清楚的。

哪怕对于要读的内容只有模糊的概念，你也能拥有不同的阅读体验。比如你留意并记住的细节会有差异。人类基因组计划是一项绘制人类全部基因组图谱的工程，关于这个复杂的主题，教材中的章节可能会描述这一计划将为制药工业带来哪些经济效益，将对基因疗法产生哪些影响，还会介绍支持这项庞大计划的政府资金，以及相关的政治因素。只有在阅读前了解作者的目标，你才能判断这一章中哪些内容最重要。

然而，当你只顾着阅读和标记重点时，“标记重点”并不是唯一的问题。“只顾着阅读”也是很糟糕的方法，**因为你不该完全没有准备就一头扎进一篇文章中**。

下面来看看你应该怎样做。

一句话总结：阅读并标记重点是很糟糕的方法，因为在阅读之前，你还没有真正深入地理解文本——你会以为某些内容比其他内容更重要，但这却几乎没有依据。

方法 27：
采用适合阅读目标的方法

我在方法 26 中强调，不能只顾着阅读，这就像把听课当成看电影一样糟糕。不能等着作者告诉你一切，而是要加入一些自己的想法。同样，“在阅读中积极思考”也是一个无效的建议。你或许会认真地定下目标：“我要在阅读时努力思考，把各个观点联系起来。”但你很容易分散注意力。

阅读时，**确定一个具体的任务**能够解决这个问题。最著名的方法是 SQ3R 法，从 20 世纪 40 年代以来，它出现了很多个版本。“SQ3R”是以下这些步骤的首字母缩写：

研究（Survey）：先不要急着阅读，看看文章的标题、副标题、图表，大致了解文章讲了什么。比如，你会发现一篇关于人类基因组计划的文章讲的是它的经济影响，而不是人类 DNA 测序的伦理意义。

提问（Question）：阅读前，提出一些你希望这篇文章回答的问题。文章标题在这一步很有用。比如，一篇文章叫《马尔对科学哲学的贡献》，那么最简单的问题便是：“马尔对科学哲学有哪些贡献？”

阅读（Read）：在阅读时，要记住刚刚通过研究得出的主要观点。阅读过程中，你有一个明确的任务：寻找信息，回答你提出的问题。

复述（Recite）：假设你正在向别人介绍这篇文章，每读完一部分，就复述自己学到了什么。总结这些内容，判断它们是否回答了你的问题。

回顾（Review）：这是一个持续的过程，你要重新阅读文章，重点关注自己提出的问题和得到的答案。

研究表明，SQ3R 法能够增进理解。原因很简单，我已经说过，你不能一头扎进一篇文章中。如果你事先考虑过它讲的是什么以及为什么要阅读，便会取得不同的效果。在 SQ3R 法中，“研究”和“提问”就是在做这件事。我还强调过，构建句子之间的联系很重要，带着问题阅读也能更好地实现这个目标。

“复述”这个步骤能够帮助你整理思路，加深记忆。更重要的是，它可以检验你的理解程度。人们很容易骗过自己，他们明明不懂某些事情，却以为自己懂。复述能让你更好地判断自己是否理解。

SQ3R 法有一个缺点，那就是你可能“只顾着阅读”，却忘记了思考。分享一个小方法：提出问题后（即开始阅读前），**在书中贴一些空白便利贴**，每个章节的结尾都可以贴一张。它们会提醒你停下来，总结这一章的内容，思考它们是否回答了你的问题。

SQ3R 是这类方法中最著名的一个，也非常有效。但是还有其他的方法，比如 KWL（想想自己已经知道什么，想要知道什么，通过阅读学到了什么）、SOAR（制订目标、整理思路、提出问题、记录成果）等。大多数阅读方法都有两个共同的要素：**在**

阅读前思考自己希望学到什么，通过宏观的问题将各项内容联系起来。这并不是巧合。

如果你觉得这些方法太麻烦，我再提供一个只有一步的方法，它很适合初学者。你不必事先提出问题，只需要**在阅读过程中问一问为什么，并用文中的事实给出答案**。比如，当你读："总统可以提议立法，但如果要将它变成法案，必须由一位议会成员来引入。"你可能会问："为什么要由一位议会成员引入呢？"这些问题会让你了解更深层的规则和关联，在这个例子中，你或许会了解到美国政府三权制衡的特点。

这个方法的优势在于灵活，你不需要在阅读前提出问题。另外，有些阅读材料并没有列出一长串事实，而是教你怎样做一件事，那么这种方法将更加适用。关于操作步骤的信息一般会分阶段出现，你可以问："为什么接下来是这一步？"这个方法的缺点是，如果你针对作者陈述的每一个事实提问，这将严重拖慢速度。有效地提问需要练习。

同样，并没有确切的证据表明一种方法比另一种方法更好，证据只能说明**使用阅读方法比不使用更好**。

一句话总结：好的阅读方法能够帮助你在阅读前思考教材的内容、确立具体的阅读目标，在阅读过程中将各个观点联系起来。

方法 28：
边阅读边做笔记

每当我在自己的某一门课上遇到学习有困难的学生，便会让他把笔记拿给我看。每个人都有课堂笔记，但大部分人在阅读时不会记笔记。调查验证了我的经验。人们阅读时不记笔记是因为他们觉得标出重点就能起到同样的作用，但我们已经讨论过为什么做标记没有用了。

阅读笔记和听课笔记具有同样的功能：**在当时，它可以帮助你集中精力；过后，它还可以帮助你恢复记忆**。

但在阅读时记笔记也有一些特别之处，其中最重要的一点是你的书写速度由自己控制，而不是演讲者。你能够调整自己的阅读速度，回顾旧内容或提前了解后面的新内容。这就避免了我们用电脑记笔记时的一个主要问题。在课堂上，为了跟上演讲者的速度，你很容易进入听写模式，阅读时则不会出现这种情况。我更愿意**用电脑记笔记**，相比手写笔记，它们更容易编辑，也更方便在后期搜索信息。当然，你可能更喜欢纸质笔记。因为如果使用电脑，你会忍不住去看社交软件，或者需要在笔记上画很多图形，也可能你只是单纯更喜欢纸的感觉。具体采用哪种方式由你来决定。

要如何开始呢？记笔记之前，需要准备什么？和阅读前的准备一样，你要提出问题。如果还没有阅读，怎样提出好问题？作者可能会在前几段进行概述，或者在结尾时通过提问指引读者。如果幸运，老师也可能告诉你他希望你在阅读中学到什么。把这些内容写在笔记的最上方，你在阅读时便会一直想着它们。

如果阅读材料有**标题和副标题**，你也可以把它们写在笔记上，形成基本的框架。阅读过程中，你要补全框架。**为每个副标题撰写一个摘要和三条说明**。说明可能包括：

- 得出总结的重要条件
- 这一部分和主体的关系
- 这一部分如何回答你提出的问题
- 摘录作者的其他观点

你还要记下陌生的术语和它们的定义，尽量用自己的话，而不是作者的。和听课时一样，逐字听写没有意义，你需要在头脑中整合材料。

当你思考要在笔记中写什么时，提前**想一想你会如何使用它们**。如果之后你要参加考试，就要考虑考试中会出现哪些题型。我在第六章会讲到更多，现在我只提醒你注意简答题和论述题的区别。它们侧重于不同类型的内容。简答题的答案很短，一般包含定义、日期，或者让你给例子归类。论述题的问题更宽泛，你需要理解主题，并知道事物之间的关联。如果你知道考试的形式，要特别注意那些与之相关的内容。

结束阅读并记好笔记后，你以为自己完成了任务，但其实没有。**阅读后，你要查看笔记，确保自己满意**。你回答了自己提出的问题吗？你依然认为这些问题很重要吗？如果把笔记搁置几周再重新阅读，它们能让你想起自己所有的见解吗？

最后一点不需要立刻去做。如果某一堂课与这些阅读材料有关，要考虑它们之间的关联。如果你在课前积极地完成了阅读，可以试着预想一下。如果课程已经结束，不要忘记这件事。

一句话总结：通过使用阅读方法，你会得出一些结论，把它们记下来，这可以让你不再随意阅读，在回顾内容时也很有帮助。

方法 29：
用足量的时间阅读

有些作者写的内容很复杂，他们似乎并不担心读者会感到无聊。阅读这类文章非常困难，况且你还要上各种课，完成家庭作业（有可能还有工作）。不过，为阅读而苦恼的不只你一个人。

如果你不认真准备课堂报告或考试，那么结果会很惨烈，大部分学习任务都是如此。但不认真阅读的后果不会立刻呈现出来。因此，你常常会将这个任务延后或放弃。

一些学习指导者赞同这种做法，还会教你辨别应该跳过哪些内容，怎样略读。首先，让我们来揭穿几个教你跳过阅读内容的所谓“技巧”。

第一，**快速阅读并不可取**。你可以快速用手划过页面，却不能读得那么快。几十年内的多项研究表明，那些速读的人其实都跳过了一些内容。如果跳过了复杂、不熟悉的内容，你便无法理解得很好。

第二，如果阅读材料中包含章节大纲、本章预览及总结、粗体或斜体、练习题，**不要用这些辅助内容来代替阅读**。有趣的是，研究表明这样做其实很管用。出版公司对此进行了高质量的调查。调查人员要求人们阅读教材上的章节（有的包含辅助内容，有的不包含），他们发现那些参考辅助内容的人理解和记住的东西更多一些。

但心理学家里根·高隆和大卫·丹尼尔指出，学生私下使用这些文字材料时，和在实验室中不一样。高隆和丹尼尔认为，有些学生不是将辅助材料作为补充材料，而是直接用来替代文本。他们阅读总结，再扫一眼加粗的词句，然后试着回答练习题，看看自己有没有理解，如果理解了，便会略过阅读的过程。

每个人都有日程很满或遇到意外的情况，当你无法按计划完成阅读时，选择性地跳读可以理解。但我在这章开始时便说过，故意跳过部分内容是一种很愚蠢的行为。我在一些关于学习方法的书中读到，这种方式适用于“次要”内容，然而猜测哪些内容更重要就像是准确预测股票的走势，很难做到。

你应该空出大量的时间来阅读。具体要怎么做呢？在大学，你常常听到“课上 1 小时，课下 3 小时”这句话。通常，大学每周有 12.5 小时的课堂时间，也就是说你需要在课后花费 37.5

小时来学习（拆分成每天约 5.5 小时），因此，每周用来学习的总时长为 50 小时。50 个小时很长，但并不夸张。由于学生的阅读速度不同，有些人还要比别人花更长的时间。

你很难确定自己需要阅读多长时间，但你应该意识到，阅读是你在大学及以后最主要的学习方式。认真阅读很重要，它既能让你掌握知识和技能，也能让你养成好习惯，成为一个擅长阅读的人。

一句话总结：意识到阅读和听课同样困难，给自己留出充足的时间；在阅读时集中注意力，积极动脑。

写给老师

老师能够帮助学生在阅读中学到更多东西，你可以采用我在上文中推荐给学生的方法。

第一，一些阅读水平中等的学生意识不到自己需要提高，你可以借助本章开头关于曼哈顿计划的例子来演示这一点。从学生没有读过又与课堂主题相关的材料中选出 6 段，在其中两段中改写某一个句子，使它与前面的陈述产生矛盾。让学生给各个段落打分，判断它们写得怎么样，是否易懂。检验学生的评判结果，看看他们是否找出了其中的矛盾之处。

第二，如果你能为学生示范正确的阅读方法，这会让他们受益匪浅。利用一些课堂时间展示你是如何阅读的。更好的方案是，在最初教给学生阅读方法时提供详细的指引，之后渐渐转而让学生按照你的方法自主阅读，并简单谈谈自己的感受。

即使学生的阅读能力很强，你也应该让他们明确阅读目标。你期待他们从这段文字中学到什么？它和课程中其他的阅读材料及主题有什么关系？

如果学生掌握了深度阅读的方法，你应该让课程中的其他安排与之匹配。要求学生深度阅读时，你要意识到这会花费很长时间。阅读的广度和深度不可兼得，所以不要布置太多深度阅读的内容。

在课堂和考试中对要求深度阅读的内容加以强调。如果你要求学生深度阅读，却在课堂讨论时浮于表面，学生很快就会知道你的真实想法。根据我的经验，学生喜欢深入的课堂讨论。他们习惯了那些只要求掌握信息的课程，因此在深入理解一些内容时会感觉很兴奋。当然，他们不太喜欢涉及深度理解的考试，但老师在考试中提出需要分析的问题是为了让学生知道，学习并不只是将记忆中的事实组合在一起。

给老师的总结

- 无论学生的经验有多么丰富，不要认为他们能够理所当然地理解复杂的内容，要教他们一些阅读方法。
- 如果学生过于自信，那就通过课堂演示来证明他们懂的其实没有那么多。

- 将本章提供的方法教给学生，他们需要你的示范。
- 告诉学生你为什么选择这些文本内容作为深度阅读的材料，以及他们能从中学到什么。
- 如果希望学生深度阅读，就要在课程安排中重视这一点。比如安排合理的阅读量，在考试中侧重阅读深度而非事实。

第六章

如何为考试做准备

这似乎是本书第一个真正关于学习的章节，因为它会教你如何记忆。虽然在之前的章节中，我们更多是在谈论学习的准备工作，但你已经了解了两个重要的记忆原则：**记忆是思想的残渣，结构能够帮助记忆**。

这两个原则还会在本章出现，但我们会重点利用第三个原则：测验能够增进记忆。如果你想长久地记住什么，测验比学习更重要。我们可以用一个典型的实验来证明这种现象。

实验者让一组学生阅读并学习教材里的一章，用时一小时。两天后他们回到实验室，针对同样的内容继续阅读、学习。又过了两天，他们接受了相关内容的考试。

第二组学生也经历了阅读和考试这两个环节。但在过程当中，他们没有学习，而是进行了测验。那次测验和最终的考试问题并不相同，但包含同样的概念。

相比在中间过程中一直学习的学生，接受测验的学生最终的分数高出了 10% 至 15%。

这种方法被称为**“提取练习”**（retrieval practice）。“提取”

是一个术语，研究者用它描述从记忆中拉出信息的过程。提取练习显然有助于学习，它在任何年龄段、任何领域都很有效，但你也需要知道它有两个局限。

第一，**反馈很重要**。如果你为了学习而接受测验，就应该立刻知道每一道题有没有做对。如果忘记或答错了一些内容，你要马上记住正确答案。第二，**提取练习只对测验中的内容有效**。也就是说，如果你在阅读一篇关于彼得大帝的文章，其中有 30 个关于他的事实。你参加的测验中只包含 10 个事实，那么你只会对这 10 件事印象更加深刻，却不会加深关于另外 20 件事的记忆。

虽然看起来没什么效果，但提取练习实际上是非常有用的。在前言中，我提出了一个关于锻炼身体的类比：如果你想做很多个俯卧撑，练习俯卧撑固然有用，但练习更高难度的动作更奏效，比如立卧撑跳。当然，这样的动作你没办法做很多次。你要在心里想：虽然它很难，而且不容易成功，但从长远来看，这是最好的练习方式。大脑想让你选择更简单、更容易完成的练习。通过提取练习来增进记忆也是一样：它很难，你会经历多次失败，但这种练习能够让你真正受益。

记忆内容时

你的大脑会这样做：它会寻找一些简单的、看起来容易成功的记忆方法。

如何激发大脑的潜能：采取梳理结构、思考含义、提取练习等方式，虽然它们很难，并且在短期内不容易见效，却能够产生长期记忆。

在本章中，你可以学到如何利用我所说的三个原则为自己确定任务。首先，我们来看一些很常用，但是没有效果的学习方法。

方法 30：避免常用但无效的方法

看看下面的记忆方法，有哪些是你会用到的？

- 不断默念信息
- 反复阅读或抄写笔记
- 重读教材
- 在笔记中标记重点
- 针对概念举例子
- 总结
- 使用抽认卡
- 列大纲
- 参加模拟测验

面向大学生的调查显示，这些是他们最常用的学习方法。我们可以根据记忆的三个重要原则来评估它们：

1. 记忆是思想的残渣，思考含义能够帮助记忆。
2. 结构能够帮助记忆。
3. 提取练习可以巩固记忆。

清单中的一些方法对于思考含义很有用，比如总结、列出大纲、针对概念举例子。然而其余的方法无法保证你会思考含义，比如反复阅读笔记、重读教材、在笔记中标记重点。在结构方面，总结和列出大纲很有效，但其余方法都没有帮助。那么提取练习呢？使用抽认卡充分利用了这一原则。用测验来检查成果也在清单上，但人们不会用它来学习，而是会用它来检验是否可以停止学习。（在第七章，我们还会发现，他们的检验方式是错误的。）

其中有些学习方法很有效，但不幸的是，**人们最常用的却是最无效的学习方法，也就是反复阅读笔记和重读教材**。

你不必为自己在重读笔记时无法集中精力、思考内容、建立内容之间的联系找借口，这本来就很难做到。事实上，实验证明反复阅读对记忆没有太大帮助。心理学家艾梅・卡伦德和马克・麦克丹尼尔让大学生阅读教材或《科学美国人》杂志中2000字的内容，并告诉这些学生，随后会通过测验或撰写总结来检验他们的理解和记忆。有些人读了一遍，有些人读了两遍，阅读效果没有太大区别。重复阅读基本上没有帮助，但你也知道，这一行为很简单，而这正是人们喜欢使用这种方法的原因。

一句话总结： 最常用的学习方法对记忆没有帮助。

方法 31：
记住，准备学习的过程也是学习

我已经提醒过你，不要使用某些学习方法，因为它们浪费时间，而且不符合我们所说的记忆原则。想要记住信息，最好的方法是思考它的含义，根据含义为你要学习的内容之间建立联系。因此，说到应该使用的学习方法，你可能以为我会建议你思考含义、梳理结构。但我并不会这么说，因为**在尝试记住某些内容时，你应该已经思考过它的含义，也梳理过结构了**。

从第一章到第五章，我一直在建议你做这类事情。在那些章节中，我提供了很多帮你理解新内容的方法，它们确实很有用。想要理解某些观点，你需要弄清文章的结构。想要弄清文章的结构，你需要思考它表达了什么。

我还要提醒你注意记忆的另一条原则：**你想不想学习并不重要**。对于记忆而言，重要的是你付出的脑力劳动，而不是你想不想通过这些脑力劳动记住信息。无论是否为了刻意学习，只要你遵循了第一章到第五章中的方法，都会激发对学习有益的脑力劳动，也都会学到东西。

在我的班级中，学习有困难的学生通常没有采用第一章到第五章的方法，也不知道做那些事有什么用。他们以为那只是正式记忆之前的简单准备，但其实那也是记忆的一部分。这些学生认为，想要在课程中跟上进度，只需要按时上课和阅读材料。直到准备考试时，他们才会思考全部内容的含义，尝试梳理结构，填补理解中的空缺，但这已经太迟了。更糟糕的是，一些差生甚至没有努力理解，只想把内容记下来。

那些帮助你理解的过程也是学习的过程。考试临近时，你需要学习的内容最好已经存在于记忆中。你依然需要学习，但已经有了一个好的开始。如果记忆中已经有了一些内容，你便可以采取最有效的学习方法之一：提取练习。

一句话总结：第一章到第五章的方法能够帮助你透彻理解想要学习的内容，同时它们也为记忆创造了良好的开端，因此不容忽视。

方法 32：
准备一份学习指南

我建议你以问答的形式准备一份学习指南，这样便可以进行提取练习。用更常用的方式讲，这就是一套涉及范围很广的抽认卡。它不仅能帮助你高效学习，还能将你需要知道的一切都收集起来。如果能够系统地构建出学习指南，考试中就没有什么问题会难倒你。创建并使用这类学习指南共有三个步骤。

步骤 1：准备。了解考试的性质。你可以问自己：

- 考试包含哪些课堂内容和哪些阅读材料？
- 来自课堂和阅读材料中的问题各占多少比例？
- 问题有哪些形式（比如简答、多选、论述）？
- 共有多少道题？时间会不会很紧张？
- 你在考试时能够获取信息吗（比如科学测验中的公式或常数）？
- 可以使用哪些工具？比如可以使用计算器或草稿纸吗？可以要求老师阐明问题吗？

回想你以前经历过的考试，问问自己上面的问题。要是历年的试题都不一样，就不要太在意题目的具体内容。注意**出题方式**。它们是只需要你记住定义，还是要求你在新的背景中应用定义？它们是考察你对宏观主题的理解，还是要求你记下每个微不足道的细节？它们的说法直截了当，还是采取了一些隐晦的表达方式？每次考试都有不同的题型，但是回顾以前的试题会让你知道最典型、最可能出现的内容有哪些。

这些准备都可以由学习小组来完成。这样做的好处在于，你们可以相互补充，将老师提供的信息弄得更清楚（比如考试范围）。对于需要主观判断的问题（比如以前的考试是怎样的），你也可以听听其他人的意见。

步骤 2：写下学习指南。可以使用索引卡（传统的抽认卡），也可以用一张纸。在左边写下问题，在右边写下答案。你还可以使用专门为写抽认卡设计的在线平台。有研究对纸质和数字版本的抽认卡做过对比，但并没有确凿的证据表明哪一种更有效。

浏览修订后的课堂笔记和阅读笔记，针对所有内容写下问题。**如果你希望准备得很充分，尽量写下一切要学的内容，确保你不必再复习其他的东西**。

写下问题的时候，也要关注课程和阅读材料的层次结构。**提出不同层次或者介于不同层次之间的问题**：低层次的问题如“萨拉托加战役是何时发生的”，中层次的问题如“在法国支持殖民地进行独立战争的过程中，萨拉托加战役起到了什么作用”，高层次的问题如“为什么法国要支持殖民地进行独立战争”。每种问题的比例与考试题型相关。如果考试以多选题为主，就列出更多低层次的问题；如果考试以论述题为主，就列出更多高层次的问题。

需要在抽认卡上写出高层次问题的答案吗？需要。即使这个问题没有出现在考试中，你至少也对宏观的主题进行了思考。当然，你不必在抽认卡背面写一段论述，写出答案的框架即可。即使你准备的是论述类考试，也依然需要列出一些低层次的问题，比如定义、日期等。你可能会把这些内容用于论述中，如果单独提出问题，便更容易记住它们。

从两个角度提问是很好的方法。一个问题询问专业术语的定义，比如："什么是机会成本？"另一个问题给出定义，询问相关的专业术语是什么："做出某个选择，意味着你失去了其他选择中的潜在收益，这是哪个词的定义？"你可能以为只要从一个角度记住问题，如果它以相反的方式呈现出来，你也能立刻知道答案，但记忆并不总是这样。我问："提到辣椒粉，你会最先想到什么？"你可能会回答："盐。"但其他答案也很常见，比如"辣"或"辣椒"。但如果我问："提到盐，你会想到什么？"你很可能会回答："辣椒粉。"如果你只记住了一个角度，而问题是从另一个角度提出的，你或许会回答不上来，并想到："怎么可能？我明明知道呀！"

在技术类课程中，首先列出你要学会解决的问题。同时，你还会遇到一些需要解释的问题，比如："在这种情况下，为什么势能很重要，但动能不重要？"或许你还要加入一些拓展类问题，比如怎样将这些概念应用于新情况或现实中？（通过研究从前的考试，你会知道将这类问题加入学习指南是否有必要。）

如果考试只包含简答题或多选题，你应该专注于记住事实。但你的学习指南中依然要包含那些**将事实有效关联起来**的问题。你可能会在考试中遇到这类题目，就算没有，思考事物的关联会使它们拥有更丰富的意义，也更容易记住。

步骤 3：记住答案。记住学习指南中的一切需要花费多少时间？显然，这取决于其中包含了多少信息。不同的人会在记忆时遇到不同程度的困难。写学习指南比不写更好，提前两天写完比在考试前一天写完更好。你可以从完成的那天开始记忆。每提前一天，你便有更多的时间用来复习。此时，最主要的是制订计划。这个问题很重要，我会用整个第十章来讲它。

接下来，我会讲述将记忆存入大脑的具体细节，但是首先我得提醒你：不要投机取巧。

一句话总结：让学习指南涵盖所有的内容，这样你便不会在考试时遇到意想不到的题目。

方法 33：
不要使用现成的材料

浏览所有的课堂、阅读笔记并针对笔记提出问题需要很大的工作量。网上有一些商家会售卖针对教材和课程的大纲及抽认卡，你也可以从上过这门课的朋友那里获得这些东西。你还可以买到一些练习题，或者标准化考试（比如考取证书）的资料。我把它们统称为“现成的材料”。它们不是你制作的，也不是从前的考生制作的，因此只能作为参考。

我希望你不要使用现成的材料。

首先，**它们的质量不高**，其中会有错误和遗漏。即使某些材料是由教材出版方编写的，你也依然要保持谨慎。它们和教材通常不是由同一个作者完成的，而老师在选择教材时，也不会关注这些补充资料。如果你想使用，问问老师它们是否有帮助。无论这些资料是由专业人士还是学生撰写的，它们都可能已经过时。我会经常更新自己的课程，因此某套题去年或许很适合我的课，今年就不再适合了。

更重要的是，**写学习指南是帮助记忆的绝佳方式**。正是因为这样我才会提醒你，不要把创建学习指南的任务拆分给学习小组的同学，也最好不要使用陌生人创建的学习指南。

接下来，我要讲的是：怎样记住学习指南中的内容？

一句话总结：不要使用别人的材料，它们往往不准确、不完整。编写自己的材料是更好的学习方式。

方法 34：通过提出并回答有意义的问题来巩固记忆

现在你已经准备了很多张抽认卡，它们数量惊人。想要记住全部问题的答案，最好的方法是什么？

说到方法之前，我要先打消你那糟糕的念头。不要暗示自己（或者对我说）：“我的记忆力很差。”每个人都会这样认为，因为我们只会注意到自己记不住东西的情况。只要医生没有下诊断，你的记忆力就没有问题。我知道你有这么一个朋友，他毫不费力就能记住一切。每个人都有这种朋友。不要和别人比较记忆力。你已经很棒了，重要的是怎样运用自己的记忆力。

有意义的内容要比没有意义的内容更容易被记住。你很容易记住电影情节，因为每个场景都与其他场景密切关联。你想起巴斯光年从窗户掉出去，便会接着联想到他和胡迪流落街头，然后是他们搭上了比萨星球的卡车。随机数表很难记住，是因为其中的数字没有关联。

为了强化记忆，即使问题本身缺乏意义，你也要给出有更有意义的答案。比如，你的学习指南中有这样一个问题：“美国的和睦时代是哪几年？”如果你记不住答案（1817 年至 1825 年），**可以通过问问“为什么”或“怎样”，使它成为一个有意义的问题**。为什么和睦时代是这段时间？ 1817 年距离 1812 年战争结束并不遥远，当时美国人的民族自豪感很强，因为他们取得了胜利。另外，这段时间恰逢詹姆斯·门罗担任总统，他注重团结，任命不同政治派别的人在政府任职。

一个问题与它的答案之间可能并没有紧密的联系，但是通过询问“为什么”或“怎样”，你可以让它们拥有具体的关联，也将这个问题与其他要学习的内容、要掌握的信息联系起来。如果一时想不出如何通过“为什么”或“怎样”建立关联，试试翻看笔记。如果依然做不到，和学习小组的同学讨论一下。

还有一个技巧也能有效巩固记忆：画图。我不知道为什么会这样，或许是画图需要一些额外的脑力劳动。如果我只是对你说“记住‘大杂烩’这个词”，你可能要通过联想来记忆。你会想自己在哪里见过大杂烩，或许是圣诞节期间的食品店。你还会想这几个字怎么写。但如果要画出它，你需要想到更多内容：要加哪些原料，用碗还是篮子来盛，你或许还会想到它应该出现在什么样的房间。这些细节都能帮助你记住这个词。

我不建议你画出所有要记住的内容，因为这太浪费时间。但**如果你很容易忘记一些东西，试试把它们画下来。**

一句话总结：缺乏意义的内容很难记住，多花一点时间让它变得有意义是值得的。

方法 35：对于缺乏意义的内容，使用记忆法

有时，你也要记住一些没有或基本没有意义的内容，比如十二对脑神经的名字或亚洲的河流。上十一年级时，老师曾要求我们按照任期顺序记下美国历任总统的名字。（令我惊讶的是，这些信息后来还经常能派上用场。）

记忆法中有一些技巧，它们能够帮助你记住缺乏意义的内容。其中一种方法是：记住一些简单的东西，它们会为你要记诵的内容提供线索。比如，要记住五大湖的名字，你可以先记住“HOMES”，它包含了每个大湖名字的首字母：休伦湖（Huron）、安大略湖（Ontario）、密歇根湖（Michigan）、伊利湖（Erie）、苏必利尔湖（Superior）。有些例子中，你要记住的不是一个词，而是一个句子，其中每个词都是一条线索。很多医学生用这个句子记住脑神经的名字：“On Old Olympus's Towering Top, a Finn and German Viewed Some Hops.”这里的每个单词分别代表：嗅觉神经（olfactory）、视觉神经（optic）、动眼神经（oculomotor）、滑车神经（trochlear）、三叉神经（trigeminal）、外展神经（abducens）、面部神经（facial）、听觉神经（auditory）、舌咽神经（glossopharyngeal）、迷走神经（vagus）、感觉神经（sensory）、舌下神经（hypoglossal）。

另一种方法是使用视觉图像将需要记忆的内容联系起来。比如，你要记住西班牙语中“cinta”这个词，它的意思是“绸带”，在发音上和英语的“圣诞老人”（Santa）有些相似。你可以想象出一个圣诞老人，他的口袋里不是玩具，而是很多绸带。还有一种方法，我称之为“想象之旅”。首先，你要想象自己走路或开车去某个地方，比如从你家到一个朋友家，并在沿途记下标志性的东西。在我的旅途中，第一个值得注意的是前门廊，它是用我不喜欢的铁屑混凝土搭建的。第二个值得注意的是车道中间的石墙，人们总会开车撞到上面。记住这段旅途，你便能够学习一些新的、随机的内容，只需要将它们和旅途中值得注意的事联系起来即可。比如，你让我在商店买面包、花生酱、面粉和维生素，我可以利用自己的旅程记住这份清单。我会把面包和第一个值得注意的东西联系起来（也许是在脑海中用几片面包遮住难看的混凝土），把花生酱和第二个值得注意的东西联系起来（也许是用花生酱代替灰泥，修补破碎的石墙）。如果需要回想这份清单，便重复自己的想象之旅：我看见了前门廊，于是想起“我要用面包遮住门廊，面包就是我要买的第一件东西”。

记忆大赛中的选手常常使用记忆法，因为他们要记住一些缺乏意义的内容，比如照片上人物的名字或一副刚洗过的纸牌的顺序。记忆大赛使用这些内容，是因为它们与所有选手都没有关联，因此大家面临着同样的挑战。含义对记忆很有帮助，而对含义的理解取决于你对这个主题的了解程度。如果记忆大赛要求选手背诵菲茨杰拉德的小说《夜色温柔》的选段，就不太公平，因为有些选手可能读过这本书。

记忆大赛的冠军们写了很多关于学习的书，它们多数强调记忆法。**但这应该只是你最后的手段，只有无法为内容赋予具体含义时，你才需要它们**，然而这种情况很少出现。

一句话总结：记忆法能够帮你记住缺乏意义的内容，但它们只是最后的手段，为内容赋予意义效果会更好。

方法 36：如何使用学习指南

你已经在学习指南中写下了全部的问题和答案，接下来要怎样做呢？

你需要记住答案。过程很简单：提出一个问题，看看自己如果不偷看答案，能否回答出来。为了让这个简单的方法更有效，你可以做一些调整。

第一，**从一开始就遮住答案**。也就是说，不要先读答案，要尝试自己回答问题。研究表明，在得到答案前先回答一遍对学习有帮助。

第二，**回答时最好大声说出来**。同样有研究表明，这种做法有助于学习。如果你所在的地方不方便大声说话，可以小声说或默念，因为重要的并不是“大声”。我们尚未了解这种方式为何有效。在记忆词语时，亲口念出来要比听别人念效果更好。它的优势或许在于，说出声来能让你的思考更加完整。

第三，如果答案很长（比如你在准备论述题），**设想自己正在教别人学习**。众所周知，教别人是很好的学习方法，研究也认同这一点。记住，如果用这种方式检验自己，你不需要说出完整的答案，而是要思考大纲：“首先我要用这个内容来引出问题，然后再谈论那个内容。”

第四，即使你确定自己的回答是正确的，也**要对照学习指南仔细核对**。万一答错了，立刻纠正能帮你形成正确的记忆。若你总是得出同一个错误答案，想想你为什么以为这个答案是对的，并（出声地）向自己解释为什么正确答案更好。

最后，随机对自己提问。你通常会依次写下关于每节课、每份阅读材料的问题，并将同个主题的抽认卡放在一起。但考试题目不会按照主题排列，所以你需要打乱顺序。另外，如果每次都按照同样的顺序提问，你对答案的记忆可能会和问题顺序捆绑在一起，这样有一定的风险。也就是说，34 题的答案会让你想起 35 题的答案。如果将 35 题移到 16 题后面，你就想不起来了。

如果使用数字学习平台或可以洗牌的抽认卡，随机提问便会更容易。如果你把学习指南写在了便笺本上，也可以调整顺序，缺点则是无法知道哪些问题已经回答过。对我来说，这件事并不重要，也不必为此把学习指南做成电子或卡片的形式。

一句话总结：用学习指南进行自我测验很简单，但使用一些技巧能够提高效率，它们会确保你没有跳过一些内容，并且经过了认真的思考。

方法 37：
不必在意个人学习风格

你可能会好奇，为什么我没有说每个人要根据自身风格采取不同的学习方式。毕竟如果每个人都要用不同的方法来学习，我还怎么向大家推荐统一的策略呢？

对于这个问题，科学家进行了多次实验，**没有证据表明学习方式应该根据个人学习风格改变**。

要检验这类结论很容易。我们先从最常见的说法开始：有的人适合通过视觉学习，有的人适合通过听觉学习，有的人适合通过动觉学习（也就是在运动中学习）。实验分为三个阶段：

- **阶段 1：** 将人们分成适合视觉学习、听觉学习、动觉学习的三组。
- **阶段 2：** 根据三种风格差异，让人们去做某件事。比如，有些人要观看一些描绘故事的图片，有些人要听故事，还有些人要（根据简单的提示）表演出这个故事。重要的是，其中一些人采用了自己擅长的学习风格，另一些人采用了自己不擅长的学习风格。
- **阶段 3：** 检验人们对故事的理解，或者在一段时间后测试他们记住了多少。我们预测，如果人们采用自己擅长的风格学习，会达到更好的效果。

然而，数据并不符合我们的预测。所谓的个人风格不会影响学习效果。关于风格理论的结论至少有 50 种，不仅包括视觉、听觉和动觉的对比，还包括线性和整体的对比、视觉和语言的对比等。没有证据表明采取适当的风格对学习有帮助。

尽管缺乏证据，关于学习风格的神话依然存在，90% 的美国人认为它们拥有科学依据。我写过很多相关的文章，如果想要进一步了解，你可以通过网络检索我的文章，阅读那些内容。

一句话总结：关于学习风格的结论没有科学依据，不要在意你的学习方式是否符合自己的“风格”。

方法 38：准备好自己的内容后，再与学习小组交流

虽然老师常常鼓励学生一起学习，但研究表明小组合作无法提升记忆效果。我认为对于小组而言，最简便的办法是：**一起讨论考试范围，各自创建学习指南并记忆其中的内容**，然后在考前大约 48 小时再次碰面。

如果已经写好学习指南并记住了其中的内容，为什么还要碰面呢？此时，观点的多样性可以发挥作用。在这一阶段，我建议你们**两两一组，每个人都要回答同伴在学习指南中写下的问题**。这样做的第一个优势在于，无论你的学习指南有多么全面，同伴依然能指出你漏掉的东西。第二个优势在于，同伴的问题会和你自己的略有不同。

记忆有一个缺陷：学习新内容时，它总会变得很狭隘。你只

能以某种表达方式记住新的概念。表达方式并不重要，但它却是你记忆中的关键要素。如果小组中的每个人都用自己的语言描述需要学习的概念，你便能够从更广泛的视角理解它。

一句话总结： 记住学习指南中的内容后，再和学习小组交流，与同伴互相测验。你们的视角存在一定的差异，这有助于加深记忆。

方法 39：
临时抱佛脚往往无效

第一次参加考试时，你可能就已经听过“不要临时抱佛脚”的说法。“临时抱佛脚”指的是把大部分或全部学习时间安排在考试临近的时候。也就是说，你打算花 5 个小时复习周五上午的考试，而它们都被安排在了周四晚上。另一种选择是：在考试前 5 天，每天花一个小时复习。你的学习时长没有变，只是分布方式不同。

几十年来，研究记忆的学者一直在关注学习时间的分配方式，并发现这一点对于后续的记忆效果有很大影响。我很喜欢这个近期的案例，因为它非常贴近学生的生活。

研究人员将一些参加心理学导论课程的学生作为被试者。他们挑选了 64 个核心概念，从中随机选出 32 个概念进行分阶段复习，另外 32 个概念任由学生自行复习。他们为分阶段复习的 32 个概念制作了抽查界面，让学生借助它学习，直至答对全部问题。他们要在数周内学习三次。

随后，研究者分析了学生在期末考试中的表现，并分别统计他们在分阶段复习的 32 个概念和自行复习的 32 个概念上的得分。(要记住，这是一门真实的课程，考试成绩也真的有效。)

研究者问学生们复习得怎么样，大多数人都说他们在考试前一晚学习过，也就是临时抱佛脚。这种做法有一定的效果，他们的期末成绩都不算太差。对于那些在学期内通过抽查界面复习过的概念，他们的正确率是 84%；对于其余的概念，他们的正确率是 72%。可见临时抱佛脚不会带来好成绩，但也不会让你考得太糟糕。

研究人员真正想知道的是，学生们在期末考试后是否还能记住这些信息。在考试结束 3 天后和 24 天后，他们分别召集了一些学生参加额外的考试，这次考试针对同一批概念提出了不同的问题。

3 天之后，对于临时抱佛脚那部分概念，他们只答对了 27%。对于分阶段复习过的概念，他们答对了 80%。更令人惊讶的是，3 周之后，对于分阶段复习过的概念，他们依然能答对 64%。**如果你不介意考试后会立刻忘记，临时抱佛脚也是很“有效”的方法，但分阶段复习能够避免快速遗忘。**

这个结果对你来说意味着什么？有些情况下，临时抱佛脚是可以理解的。或许你选这门课只是因为有趣，不在意以后是否还记得其中的内容，并认为这不重要，那你可以选择临时抱佛脚。

但如果你以后还要用到这门课的内容，比如要修同个主题的高级课程，临时抱佛脚就只会让你付出更多精力。假如你计划学习生物 102，却在生物 101 的期末考试中临时抱佛脚，那会给你将来的学习带来很多麻烦。

还有一件事在刚刚提到的实验中表现得不够明显，但你也应该了解：**临时抱佛脚会让你感觉良好**。假如你和我都学习了心理学导论中的 64 个概念。我在考试前 5 天每晚复习 10 分钟。每天晚上，我都会先重温前一天的内容。这个过程很挫败，我会觉得自己学得不够好，但重新温习能够让记忆更加持久。

而你和我不同，你在考试前一晚复习了 50 分钟。复习过后，你感觉很好，仿佛已经对一切了如指掌。其实，在最后一晚结束复习的瞬间，你可能比我记住了更多内容。但两天后，你会忘记其中的大部分，而我却不会。

你自然会问："如果我不利用考试前的夜晚集中学习，要如何分配时间呢？"人们试图规划出最精确、最有效的日程表，也有一些手机应用会根据你期望的学习时长、你在记忆测试中的成绩来安排合理的时间。

我认为你需要进行一些时间分配，但不必追求最完美的安排。如果"完美"的安排意味着要在周日 5 点 57 分起床测试法语动词，你一定很容易放弃。自由分配时间，尽量在学习中间穿插整夜的睡眠。也就是说，在周二晚上和周三上午学习，要比在周三上午和周三晚上学习效果更好。我在第十一章会提到，睡眠对学习很有帮助。

一句话总结： 完全不介意长期学习效果时，可以临时抱佛脚；如果介意，将学习分布在多天完成。

方法 40：准备应用类问题时，比较各种例子

老师喜欢在考试中提出应用类问题。解答这类问题时，你不仅要从记忆中提取信息，还要运用所学的知识。由于记忆运转的方式不是这样的，我们会觉得这类问题很有挑战性。

你可能记得自己在学校经历过这类挑战，尤其是在数学课上。比如，你学习了全等图形，觉得那很简单。但考试中有一道关于斜切三明治和餐巾纸的问题。你只学过用“全等”概念描述简单的几何图形，却想不到它还可以用在这里。那些几何问题你都能答对，然而阅读这道题时，想到的却是关于三明治和餐巾纸的知识，它们无法帮你解答。事后，令你惊讶的是，你当时竟然不知道这道题在考察什么。

在第三章中，我们讨论了记忆的线索。特定的情境（在这道题中是三明治和餐巾纸）就是记忆线索，而普遍的原则（全等图形）被掩藏了起来。我们不清楚这个问题应该使用全等图形法则、面积计算还是演绎逻辑法。但三明治和餐巾纸很明确，于是你便把它们当作记忆线索，寻找相关的信息。

这类问题不只出现在数学考试中。比如，我给学生讲了伊万·巴甫洛夫著名的实验：实验者先摇晃铃铛，再给一只狗喂食。经过重复，这只狗一听到铃声，就开始流口水，随后便会得到食物。另一种情境似乎完全不同，比如一靠近某个教室，学生们就会焦虑，因为他们在这里考数学时没有及格。我希望他们辨别这两种情况是否属于同一类学习模式。

在考试中，有些题目要求你将学到的内容应用到新的情境中，要怎样准备这类问题呢？

一个方法是，**比较与这个原则相关的各种例子**。在上面的两个例子中，两者都产生了一些无法克制的自动反应：狗在被喂食之前流口水，学生因不及格而焦虑。一些不会引起反应的事物又和引起反应的事物产生了关联：铃声和食物、教室和对数学的恐惧。通过重复，从前不相关的事物（铃声或教室）也会带来反应（流口水或焦虑）。

比较例子很有效，因为它运用了“记忆是思想的残渣”这一原则。你会思考这些例子有什么共同点，即应用了哪个普遍原则。理解普遍的原则很困难，因为它们非常抽象。如果在具体的情境中理解，就会简单很多。

一句话总结：想要更准确地看出题目中包含哪个普遍原则，最好的方法是寻找一些例子并进行比较。

方法 41：
准备同类型问题时，列出子目标

将课堂上的知识应用到现实中面临着很大的挑战。在复杂的情境下，你很难辨认出眼前的问题。有时辨别问题类型相对简单，但解答需要一些变通，因为你学到的步骤只适合老师的例题。下面这个例子是由心理学家理查德·卡特兰伯内提供的，它通常被称为“工作问题”。

汤姆打扫车库要用 2.5 小时。如果他的女儿已经打扫了三分之一，他还要多久才能打扫完？

解：

$$\left(\frac{1}{2.5}\times h\right)+0.33=1$$

$$(0.4\times h)+0.33=1$$

$$0.4h=0.67$$

$$h\approx 1.68\text{ 小时，}$$

h 为他的工作时长。

根据这个例子，你会总结出：“解答工作问题的方式是，用 1 除以单人完成所用的时长，乘上未知数，再加上已经做完的部分，总和等于 1。”这样的描述非常符合这个例子。目前一切都很顺利。

但这些步骤并不适合另一个工作问题，虽然它们很相似：

比尔可以在 3 小时内粉刷一个房间，弗雷德可以在 5 小时内粉刷一个房间。他们一起工作，粉刷一个房间需要多久？

第一个问题的总结太具体，只适合它本身，不能应用于这一题。我们需要一些抽象的步骤：列出每个人的工作量，使它们相加后等于总工作量。我们可以这样描述子目标：

第一，我要列出每个人的工作量。

第二，我要使它们相加后等于总工作量。

通过多个步骤解题时，列出子目标是很好的方法，它能让你思考这些问题中的普遍原则。这里还有另一个例子。假如你正在学习使用 Gmail, 并查看了为邮件中的事项创建日程的教程。为了实现预期结果，教程通常会列出一系列步骤，比如：

1. 打开电脑，登录 Gmail。
2. 打开需要创建日程的邮件。
3. 在顶部的图标栏点击有三个圆点的图标。
4. 选择“创建日程”。
5. 谷歌日程表已打开，创建一个以邮件标题命名的日程，邀请其他收到邮件的人。
6. 为日程设定日期和时间。
7. 点击屏幕右上角的“保存”按钮。

这个案例和刚才的工作问题有同样的缺点。你的步骤只针对这一个例子，它适合你的电脑，但手机上的操作就略有不同。最好关注每个具体行为背后的普遍原则。比如，你可以这样描述步骤：

找到邮件

1. 在手机上打开 Gmail。

2. 打开想要创建日程的邮件。

创建日程

3. 点击邮件中带有下划线的日期和时间。

4. 从出现的清单中选择“创建日程”。

补充缺失信息

5. 窗口出现，以邮件标题和相应的日期、时间为名称创建日程。

6. 如有必要，更改日程的持续时间（默认为一小时）。

7. 如有必要，邀请他人加入日程。

保存日程

8. 点击屏幕右上角的“添加为日程”。

列出子目标似乎只是很小的改变，但其中的两个思维过程有助于学习：**第一，明确了各个步骤的结构；第二，强调了各个步骤的意义**，你会知道自己为什么做每一步。

选择教材中某个按照特定步骤解决问题的案例，利用这个方法进行分析。浏览旁边用抽象的语言总结过程的文本。列出子目标，将具体的步骤纳入其中，使它们与抽象的内容相匹配。尽量找到一个更了解这些步骤的人，让他来检验你做得对不对。

一句话总结： 通过多个步骤解题时，其中有些步骤只适合某个特定的问题，而列出子目标能让你更广泛地应用知识。

写给老师

本章介绍的学习方法自然要由学生来实践，但老师也可以做一些事情来帮助他们。

你可以告诉学生考什么、怎么考。他们是这个领域的初学者，很难判断哪些是核心内容，哪些只是你为了有趣而举的例子。你要告诉他们。

关于“现成的材料”，你也可以提供一些指引。将自己假设为课上的学生，模拟寻找学习资料的过程。告诉他们你找到的材料质量如何，并提醒学生编写自己的材料能让他们学得更好。

如果你希望学生使用本书中的方法，可以直接说：“这些方法很好，你们用的其他方法可能没有这么有效。”为了不让他们感到混乱，你可以判断学生最有可能使用书中的哪三个方法，并从中推荐。

相比将方法告诉学生，用具体的行动展示更加有效。你可以：

- 采用提取练习的方法，在课堂上组织简单的测验。
- 在特定的时间回顾内容，进行分阶段复习（方法 39）。
- 强调意义的重要性（方法 34），帮助学生将互不关联的事实联系在一起。
- 告诉学生要创建什么样的学习指南（方法 32）。在每节课的结尾留出一点时间，让他们针对当天的内容写出学习指南中的问题。举一些例子，并让学生分享自己的问题和答案。

只要在课堂上提出这些方法，你便能改善学生的学习情况。但你也可以重复方法 39 中的实验。用这些方法复习其中一部分课堂内容，并在单元测验中分别统计这部分内容和其他内容的得分，让学生知道他们在这部分掌握得更好，再解释原因，告诉他们这些方法也可以应用于自学中。

给老师的总结

- 告诉学生哪些内容需要记忆，哪些内容不需要记忆。
- 让学生知道“现成的材料”价值不高，而且并不可靠。
- 为学生提供学习方法上的建议。
- 在课堂中实践分阶段复习、提取练习等方法。

第七章

如何判断考试准备是否充分

律师在准备资格考试时，不会给自己规定学习时间，比如要学一百个小时。他会评估自己的学习情况，如果已经掌握了知识，便不需要继续复习。因此，学习者要对知识的掌握情况做出准确的判断。

你一定有过这样的经历：以为自己准备得很好，然而考试却考得非常糟糕。在这种情况下，人们总会觉得是试题有问题。他们说："这些内容我都会，一定是题目出得不好，让我答不上来。"你说自己"都会"，是因为你的大脑对此进行了评估。也许这是一次糟糕的考试，老师没有准备得太认真，也许这次的试题确实有点剑走偏锋、出乎意料，但更多时候，其实是我们没有弄清自己掌握了哪些内容。

判断学习效果时经常出现的情况

假如你正在上一门生物保护课，想要记住这个内容：黄臂吼猴原产自巴西。怎么才能知道自己已经记住了呢？很简单，你只需要问自己“黄臂吼猴原产自哪个国家”，看看你的记忆中会浮现出什么。这确实是一种判断学习效果的方法，而且很有效。

但是**人们总会混淆“呈现的”和“实际的”效果**。它们存在一定的差异。假如你在锻炼后遇到了我，告诉我你正在练习俯卧撑，可以做 20 个。我说：“真棒，做给我看看！”你可能会说：“现在不行，我刚锻炼完，太累了。”你能够一次做20个俯卧撑，但目前无法将学习效果呈现出来。

如果被问到黄臂吼猴产自哪个国家，而你回答“巴西”，这便是将学习效果呈现了出来。你会想：“我答对了，所以我掌握了这个知识。”然而，在某些情境下你能答出这个问题，并不意味着在所有情境下你都能答出来。

比如，你的日语会话可能很熟练。但由于坐飞机太劳累，加上还有一点紧张，你和日本入境管理员说话时并没有发挥出应有的水平。当然，这也可能是因为你害怕和所有的入境管理员说话。

人们常常高估自己的水平，因为他们意识不到自己总是在有利的状态下检验知识的掌握情况。也就是说，他们在自我测验中表现得很好，便以为自己学会了，但其实这份记忆并不牢固。

判断自己是否掌握了某些知识时
你的大脑会这样做：混淆“呈现的”和“实际的”效果。如果你想起了什么，就算记忆并不牢固，大脑也会认为你掌握了。
如何激发大脑的潜能：在没有其他支持的状态下检验知识。最简单的方法是模拟考试的场景。

本章我们会了解三种在检验学习效果时自我欺骗的方式。我还会介绍一些能够充分检验学习成效的自测方法。

方法 42：确认自己真的“学会”了

公元 400 年左右，奥古斯丁在他的《忏悔录》中写道：“如果没有人问我，我便知道。如果需要向提问的人解释，我便不知道。”

这种差异永远存在。每个老师都和学生有过这样的对话：

学生：我不明白为什么我的分数这么低。我很努力，而且全都学会了！但我看不懂考卷上的一些问题。

老师：可你说你全都学会了……

学生：对啊！

老师：那么，你能解释不同的遗忘机制吗？

学生：能。

老师：那你来解释一下关于遗忘的主要理论吧。

学生：好的。记忆需要刺激和反应。如果刺激没有引发反应……不对……噢，是这样，如果刺激在引发反应前被切断，不对，不是被切断……嗯……我明明知道，但我说不清。

这段对话中，老师和学生对于“学会”的理解不一样。学生的想法是：“最初学习遗忘理论时，我完全不明白。我看不懂教材的内容，也听不懂老师讲的课。但我认真阅读了教材，同学又用另一种方式帮我解释了其中一些概念。再听到关于遗忘的理论，我就知道它是什么意思了。”

你应该明白为什么这个学生以为自己学会了。相比从前，他进步了很多。但老师认为，能听懂别人谈论这个话题只是学会了一部分，这样还不够。**你不仅要听懂别人的解释，还要学会自己解释，这样才算是为考试做好了准备。**

这个例子充分体现了“呈现的”和“实际的”效果之间的差异。学生关注的是呈现出来的效果：“几天前，我还什么都不懂，但现在我能听懂别人的谈论了！”他没有意识到，这种效果无法证明他已经完全掌握了知识。糟糕的是，人们常用的学习方法很容易让他们产生这种误解。我们来看看这是怎么回事。

一句话总结：能听懂别人的解释不算“学会”，能向别人解释才算。

方法43：重复阅读会导致过度自信

假设你在商学院修了一门名为“科技创新”的课程。其中一节课讲的是可穿戴科技：衣服和首饰能够收集、储存人体信息，比如心率和体温。这些内容很有趣，你也能听懂。下一次课，老师讲起了几乎一模一样的内容。教室里出现了骚动，但老师没有在意。很快，有人举手并指出这些内容已经讲过了。老师说：“我知道，但它们很重要，所以我再重复一遍。”他讲的和上节课完全一样：同样的幻灯片、同样的例子，连随口说起的笑话也一字不差。你会怎么想？

如果是我，我会觉得这样很浪费时间：“行了，行了，你上次全都讲过了。我已经知道这些，又学不到任何新东西。”那我学会了老师正在重复的内容吗？可以说学会了，也可以说没学会。一方面，我知道自己以前听过它们，这个判断基于对过往课程的记忆。在这个层面，我“学会”了。但如果让我总结他说的话，我却做不到。

很多记忆研究者将人们从记忆中提取信息的方式分为两种。一种方式快速而不专注，只能提供有限的信息，它可以帮助你判断是否熟悉某件事。你知道自己以前接触过这件事，但无法联想到相关的内容，也不确定是在何时何地接触的。另一种方式会提供相关的信息，但你需要集中精力，慢慢回想。

两种记忆方式可能会结合起来。有时，你在街上看到一个人，熟悉的感觉告诉你：“我认识他！”于是你开始回想更多的信息：这个人叫什么名字，我是怎么认识他的？第二个阶段可能没有收获。你想不起他的名字、认识他的原因以及其他内容，但你依然确定你们之前见过。

在方法 30 中，我提到重复阅读是人们最常用的学习方法之一，也指出这不是一种有效的记忆方式。你应该思考内容的含义，但重复阅读不一定带来思考。除此之外，**它还会让你误以为：“我学会了。”**这就像是重新听一遍关于可穿戴科技的课程。重复阅读时，你会想：“行了，行了，我上次都读过了。我对这些内容很熟悉。”但你的熟悉感来自第一种记忆方式：它只能判断你们从前是否见过。你以前确实读过它们，但这并不意味着你能够谈论或分析这些内容。重读的次数越多，你的熟悉感越强烈，于是便想着：“我以前读过！”

如果是为了更好地理解，重复阅读是可行的。你读了一段文字，但没有读懂，可以再试一次。但重复阅读不仅对记忆没有帮助，还会让你误以为自己对知识的掌握更牢固了。

那么，如何才能更准确地评估学习情况呢？

一句话总结：重复阅读会给你造成一种已经熟练掌握知识的假象。然而，熟悉某些内容并不能让你在考试时将它们准确地回忆出来，并联想到其他的相关信息。

方法 44：
用正确的自测方式评估备考情况

我在第一章开头就提到，“如何知道自己有没有学会”这个问题似乎很愚蠢，因为判断方式非常简单：检索自己的记忆，寻找是否存在相关的信息。但我也说过，我们可能会依靠其他信息做出判断，比如熟悉感。检索记忆是一件好事，但**你要确定自己真的在检索正确的内容**。

我们知道，准备考试也是一个自我测验的过程。但备考对记忆的挑战并不像考试时那样严峻。你阅读教材，然后合上书本，试着总结刚才读过的内容。如果你做出了一个不错的总结，便会觉得自己已经掌握了它们。这种方式确实能够充分检验理解情况。（当然，它也不是万无一失的，因为你不知道自己的总结是否准确。）但是，如果你的目标是检验记忆，这种方式有三个不足。

第一，不要选择自己刚刚读过的文本。这样无法检验记忆，因为你刚读完没多久，这些内容还存在于你的短期记忆中。这件事没有严格的规定，但我认为**阅读和自我测验之间至少要间隔30分钟**。

第二，虽然总结也可以作为自我测验的一部分，但你还需要检验其他的方面：关于细节的知识，你能得出的推论，观点之间的对比，等等。

第三，自我测验时，需要清晰地说出答案。如果在头脑中回答，你便很容易满足于模糊、不完整的想法。只有清楚、完整地讲出来，你才会知道自己是否真的掌握了这些内容。

你可能已经知道了我对自我测验的要求：测验前不要浏览相关内容，提出多样化的问题，大声回答，获得反馈。它们其实已经融入了第六章的学习方法中。**如果你创建了全面的学习指南并借助它进行测验，便能充分了解自己对知识的掌握情况。**

一句话总结：想知道自己是否掌握了知识，测验前不要浏览相关内容，直接大声说出答案——如果你参考我的建议创建了学习指南，可以利用它来测验。

方法 45:
不要使用往年的试卷评估自己的备考情况

我提到过，学生们很想获得往年的试卷。但我认为旧试卷没有好处，只有坏处，至少对于我的学生来说是这样。

即使他们知道今年的考试有所不同，依然会用旧试卷来判断自己是否准备充分。他们的理由很简单：如果去年的试卷我得了90分，今年的考试应该也没有问题。

不要用往年的试卷评估自己的备考情况，原因有几点。第一，去年的考试内容或许与今年不同：阅读材料有所改变；课程的进度可能更快或更慢；有些主题变得更加重要，或者没那么重要；部分内容有所更新。随着时间流逝，这些变化会越来越多。如果学生收集的是数年前的试卷（或许还会为此沾沾自喜），它们可能完全无法涵盖今年的课程内容。

当然，学生不知道课程发生了哪些改变。如果“阻塞”这个专业词语出现在两年前的测验中，但我今年没有提到它，学生看到旧试卷，就会很担忧。“为什么我在书本和笔记中都没有找到‘阻塞’这个词？”这很糟糕，因为它导致了恐慌，但也很容易解决。如果学生问我“阻塞”这个词是什么意思，我会告诉他们这个内容今年不属于课程范围。（其实我往往会先解释“阻塞”的含义，然后再告诉他们这不属于课程范围，也不会出现在考试中，但这一举动并没有让我更受欢迎。）

使用往年的试卷判断备考情况还有一个更严重的缺点。假设一门课共有 1000 个概念，考试当然不会涵盖全部概念，于是你便自我暗示："只要学会 900 个就够了。也许我很幸运，老师不会问到我没复习的那 100 个概念。"这个方法很不好，因为你不能指望自己走运，你要学习全部的内容。这样你依然会有学得更好或稍差的部分，因此考试成绩受具体题目的影响，具有一定的运气因素。

显然，如果不想把考试成绩交给运气，**你需要判断自己是否已经准备好全部内容**。当你使用过去的试卷时，其实是在用一小部分内容检验自己的备考情况。备考原本不需要冒险，你却为它增加了风险。

你可以**通过旧试卷判断老师会问哪类问题**，但不要用它们衡量自己的复习情况。如果想知道有没有准备好，用自己写下的学习指南来检验。

一句话总结： 往年的试卷可以帮你了解可能出现的题型，但不能帮你判断考试准备是否充分。

方法 46：
学到掌握为止，然后继续学一段时间

我们再进行一个思维实验。假设你正在上世界历史课，老师宣布周一要进行测验，你需要记住中国古代各个朝代的名称和起始时间。由于朝代只有二十几个，这项任务似乎并不难。周日晚上，你进行了自测，知道自己能够按顺序将它们背诵出来。第二天考试时，你还会记得这些名称和时间吗？

你可能会想：“这些内容我都知道，而且还自测过，我当然会记得。还能有什么问题呢？”

第二天，你可能会记得这些朝代，也可能不记得。18 个小时过去了，你会忘记一部分学过的内容。还记得我说过“呈现的”和“实际的”效果有一定的区别吗？人们以为，他们在任何时间都能呈现出长期、稳定学习后的结果——我今天呈现出 100% 的学习效果，明天也能呈现出 100%，因为我完全掌握了知识。

解决这个问题的唯一方法是预见到自己会遗忘。**你需要学到完全掌握，然后继续学习**。这种方式被称为“超量学习”，其科学性在实验中得到了广泛的验证。关于研究结果，你需要知道两点。第一，如你所想，超量学习很有效，它可以避免遗忘。第二，**在超量学习时，你会觉得这样做没有用**。你明明掌握了某些知识，却还要接着学习，这样显得很蠢，而且没有意义。你浏览过抽认卡，每一道题都答对了，便会想：“这样有什么用呢？”然而超量学习的作用在于强化记忆，防止遗忘。

超量学习要做到什么程度取决于你想记住多久、这些内容有什么特点、你对这个主题还有哪些了解，以及其他一些因素。记得读大学时，我曾和一个朋友在期末考试周谈论她的有机化学考试。她对我说："如果院子里的落叶在我眼中都变成了有机化合物，那我就准备好了。"

当时，我觉得她的学习状态有些太紧张了，现在我依然这样觉得。根据经验，我认为当你**掌握了考试的内容后，再增加15%的学习时间就可以**。这个时长是我估算的，对此并没有专门的研究结果。重要的不是学习多久，而是在掌握知识后继续学习一段时间。

一句话总结：不要在掌握知识后立刻停下来，要继续学习一段时间，这样可以避免在考前遗忘。

写给老师

我在本章重复过两个重要观点：（1）我们对知识的掌握程度有很多种；（2）我们可能无法正确判断自己是否掌握了某些知识。为了让学生能够理解这两个观点，你应该将它们通过课堂演示展现出来。

下面这项活动能够让学生明白我们对知识的掌握程度有很多种。第一步，限时3分钟，让学生在一张白纸上尽可能地写出美国的州名。不同年龄段的学生写出的数量会有所不同。第二步，给每个学生分发一张只有各州轮廓的美国地图。（对于其他国家的学生，尽量使用当地的地图。）

看着地图，每个人都会想起更多的州名。复习教材时就像是有地图的情况，你会想："我能写出所有州名。"然而考试时，你面对的是没有地图的情况。

如何让学生明白，他们可能没有掌握某些知识，却误以为自己掌握了呢？每次在课上解释复杂的内容，我都会强调这一点。如果我留出很长的时间让学生发问，却没有人提问，我会说："和旁边的同学两两一组，轮流解释我刚刚提到的两个结论。"通常，很多学生会发现他们无法解释清楚。于是，我便告诉学生，他们以为自己掌握了这些知识是因为能够听懂别人的解释。但他们自己无法解释，所以并不算真正掌握。

我发现这个方法比突击测验更有效。当学生在测验中答不出问题时，他们不会认为自己没有掌握这个内容，反而会认为测验不公平。

当学生明白他们对知识的掌握程度有很多种，而且可能无法判断自己是否掌握了这些知识后，你还要帮助他们将这两个结论应用于学习中。也就是说，学生需要知道在考试中应该如何呈现知识，并用可靠的方法评估自己的准备情况。接下来，把这些方法教给他们。

学生还要明白，记忆的方式也有很多种，这样你便能告诉他们考试会考察什么。作为老师，我不愿吐露考试的情况，只想说："掌握好知识，你们就能考得很好。"但作为记忆研究者，我知道这种说法有些理想化。

由于认知比回忆更容易，选择题和简答题考察的内容各有侧重。选择题虽然提供了选项，但需要学生掌握更多细节。简答题并不提供选项，却也不需要太多细节。至于论述题，学生需要全面地了解主题。

如果要求学生答出任何题型、任何内容的问题，难度未免有些太高。你应该确立更实际的目标，告诉他们你的期望是什么。

那些总是考不好的学生往往难以判断自己的考试准备是否充分。你或许要花很长时间才能让他们明白判断知识的掌握情况很难，但这种努力非常值得，因为更准确的判断能够让他们更高效地准备考试。

给老师的总结

- 通过课堂演示，让学生明白“听懂别人的解释”和“自己解释”代表着对知识的不同掌握程度。
- 让学生知道，他们可能无法正确判断自己是否掌握了某些知识。
- 教会他们自测的方法。
- 告诉学生你对考试的期望。

第八章

如何应对考试

考试要求你做到两件事：从记忆中提取知识，应用这些知识——比如，你需要解决一个问题或者写一篇有说服力的文章。

我注意到，在考试的不同阶段，学生认为重要的事情也有所不同。考试前，他们认为记住更多信息更重要："只要认真学习，我就能通过考试。"考试后，他们也会这样认为，并相信自己的成绩主要与学习了多少内容有关。

然而，在考试期间，他们不会在意从记忆中提取知识的过程，而是更关注如何有效地利用这些知识。他们花费很多时间和精力思考问题的含义，或者猜测老师想要得到什么答案。

这便是所谓的"应试技巧"。它们常常具有误导作用，让学生以为考试题目不是它看起来的那样，而是具有什么隐藏的微妙含义。选择题也有一些所谓有效的技巧，比如"包含'总是'或'绝不'的答案通常是错的"。学生会根据它们排除某个选项。

考试期间，学生希望充分利用记忆中已有的知识，因此才会采用这些可疑的技巧。但他们不会试图回忆更多内容，并且认为那样没有用。其实很多内容是可以回想起来的。

我们在第三章了解到，由于检索方式不对，你可能无法想起原本“存在”于脑海中的内容。（比如杂货店无法让你想起给邻居买咖啡作为礼物的事。）只有使用正确的方法，你才能唤醒一些记忆。

在考试过程中
你的大脑会这样做：认为只要掌握了知识，不管怎样都能想起来。努力记住一些东西其实是有用的，但比起依靠记忆，人们更倾向于使用无效的技巧来应对那些本来能够轻松想起来的信息。
如何激发大脑的潜能：如果没有立刻想起你需要的内容，不要放弃。应试技巧只是最后的手段。

本章我们会关注当你想不起某些内容时，要如何构建线索。我还会解释为什么使用应试技巧并不可取。但有些技巧确实能够让你有条理地思考并保持冷静，它们才是你的首选。

方法 47：

充分准备，认真答题

在考试中，最让人懊恼的事情莫过于明明知道答案却犯了蠢。比如你本想选 C 却选了 B，导致没有得分，是这样吧？为了避免这种情况，你需要在考试中增加几个简单的例行步骤。

步骤 1：如果考试有说明，请用 30 秒来阅读它。上面一般不会说什么重要的内容，但有时你会发现答错要倒扣分数、有些题目是选做的、不需要写出完整的句子等。

步骤 2：花 30 秒浏览试题，判断每道题需要多少时间。注意各个问题的分值，这样你就可以在分数多的题目上多花一些时间。快速估计当时间过去三分之一、三分之二时，你应该分别答到哪个题目，并标记出来。进行规划时，不要忘了最后留出一点时间来检查。

步骤 3：仔细阅读每道题目。我的学生有时答错题目，是因为他们只读了一半就以为自己知道题目是什么。有时他们读完了整道题，却没有注意到“不”字。得出一道题的答案后，你需要再花几秒钟确认自己没有看错题目。

步骤 4：用最后几分钟检查试卷。确认有没有漏掉题目。检查论述题中是否有错字、遗漏、没写完的句子等。确定选择题勾选了想要的选项。在数学或科学考试中，你还要检查自己是否完成了每一个步骤。圈出每个问题的答案，这样阅卷人便能看得更清晰。确定每个数值都写清了单位，坐标轴标明了代表的内容。

如果一个学生带着低分试卷沮丧地来找我，我一定会发现他犯了一些低级错误。把这些步骤变成习惯，你便不会因愚蠢的原因而丢分了。

一句话总结：特定步骤就能帮助你规划答题时间，认真检查试卷，从而避免因粗心而丢分。

方法 48：
应对正常的考试焦虑

大多数人在考试时都会紧张，他们在当众演讲或参加没有熟人的社交活动时也会紧张。这种情绪很普遍，但你可以采取一些方式来应对它。紧张会让你分心，也会影响考试的发挥。（如果你实在无法控制焦虑，或者在准备考试时就已经开始焦虑，请阅读第十四章。）

你应该知道，焦虑是会循环的：焦虑让你在考试中难以集中精力，于是你无法想起答案，而这会让你更加焦虑。下面的方法能够控制焦虑，因为它们打破了循环，或者一开始就没有让你陷入循环。你可以试试它们。

尝试在考试当天减少咖啡因的摄入，看看是否有效。

有些人会因为其他考生而焦虑，看见别人紧张地抖腿或者自信地答题都会导致他们心跳加速。如果你是这样的人，就把自己隔绝起来。**尽量远离他人**：如果可以，一个人坐或坐在教室前排的位置。你也可以在考试时戴上耳塞，这会让你觉得世界上只有你一个人。（但你需要和老师确认是否可以这样做。）

有些人会抱怨自己有多么紧张，考试有多么难，用这种方式来平息焦虑。他们因此变得很轻松，却让听到的人感觉非常糟糕。因此，**不要在考试前和别人聊天**。如果抱怨者是你的朋友，你觉得打断对话会让他感到尴尬，可以告诉他你需要临时抱佛脚，并把头埋在笔记本中。（如果你能认真阅读笔记，自然很好。如果这会让你更紧张，便不需要真的去阅读。）

有些人喜欢在考前**冥想或祈祷**，使自己平静下来，集中精力。当你为考试而恐慌时，可以试试这个办法。如果你之前没有练习过，就遵循这三个简单的步骤：（1）闭上眼睛。（2）从 1 数到 7，慢慢吸气；再从 1 数到 7，慢慢呼气；（3）重复两到三次，直至身体感到放松。如果这样做没有用，但考前允许去洗手间，你可以去一趟，稍微走几步也能让你恢复平静。

有时你难以放松下来是因为无法控制自己的想法。呼吸练习过后，你可以和自己聊聊现实情况。不要担心在考试中遇到意想不到的题目，要知道每个人都是一样的。也不要担心自己没有准备好，要知道一次考试不能决定你的未来，更不能决定你的人生。如果失败了，你还可以从头再来。相信自己下次可以制订更好的规划，也可以想想谁能帮助你。或许当你确定了下次的计划，并知道有人可以帮你，便能够把恐惧抛到一边，全心面对眼前的任务。

有人建议用“想象自己会成功”的方式克服恐惧，但我觉得这有些难以实现。比如，在演讲小组中我很少说话，但每次开口时人们都会看向我，让我觉得自己说了什么愚蠢的内容。于是我便保持沉默，再也不开口了。我本可以想象自己说了一些精彩的话，人们为此感到惊喜，但我并不相信这样的想象。

如果“想象成功”对你有帮助，自然很好。如果没有帮助，你可以做出一些调整：**想象身边有一个支持你的人**。在演讲小组中，我无法想象出成功的画面，但我能想象出我的妻子在身边并为我提供了一些帮助。我可以通过她的眼睛看到自己的表现，她的洞察也比我更加真切。或许我依然无法表现得很出色，但至少不再恐惧。我意识到自己应该努力开口，而不是担心自己的表现，什么也不说。邀请我的人一定也希望我积极参与。我还能在脑海中听到妻子鼓励我：“有些人对你的演讲很感兴趣，比如第三排那个女人，她点头了。另外，桌子对面那个家伙怎么回事？他凭什么说个没完？你讲得明明比他更有趣。”

下一次为考试而紧张时，你可以想象某个支持你的人坐在身边。他总是知道怎样让你更加自信。

我们已经讨论了如何避免粗心大意、如何控制焦虑，也就是怎样不让事情变得更糟糕。那么怎样才能考得更好呢？后面我们会了解一些唤醒记忆的方法。

一句话总结： 面对正常的考试焦虑，你可以避开引发焦虑的情境，也可以使用一些使自己保持平静的方法。

方法 49：想象自己学习的环境

如果你是一个学生，可能会在自己学习过的教室参加考试，也可能会在自己没学习过的教室参加考试。如果你参加的是警务人员入职考试或教师资格考试，考场大概率会设置在你从未去过的地方。考试的地点和复习的地点不同，会导致你的记忆力变差吗？

可能会有一点。

原因在于事情发生的时间和地点有时候是很重要的，它们通常被称作“相关信息”。比如，当我把车停在杂货店门口时，我想记住它的位置，但我又不想让我的车和这个地点一直关联在一起，而是将特定的时间和地点联系起来：今天我把车停在了那里，但并不会一直这样。这就是很难找到车的原因，因为我试图检索“今天”的记忆，却很可能把它和其他日期的记忆混淆。在其他时间里，我也把车停在这个停车场（或类似的停车场），但具体的位置显然不同。

学习时，你不需要将记忆与相关信息关联起来。当你学到“威廉·冯特被认为是第一位现代实验心理学家”时，可能正身处厨房中，但你不应该让“厨房”混入记忆。当你在客厅或教室里学习时，他依然是第一位现代实验心理学家。

糟糕的是，即使你不希望这样，时间或地点依然会混入记忆之中。研究者用简单的实验证实了这个结论。实验地点是一间干净整洁、带有大窗户的教室。被试者只需要认真聆听他人朗读一些词语，并接受记忆测验。朗读者是一个年轻男子，穿着有些邋遢。两天后，人们被要求回忆这些词语。一些人被带到同一间教室，由那个年轻男子来测验。另一些人被带到狭窄、拥挤的办公室中，由一个衣着时髦的中年女人来测验。第二组的测验结果不如第一组。

改变地点对于记忆没有很大影响，否则记忆便会失效了。假如你和家人一起去餐厅庆祝生日，你不可能一离开餐厅就忘记了这件事，直到返回餐厅才想起来。即便如此，你依旧会在意时间或地点的作用，不希望它们影响你的学习效果。

如果在学习时利用了时间或地点，你更有可能将它们与知识联系在一起。比如，你用客厅墙上的裂缝帮助自己记住欧洲西部的主要河流，便会顺便记住“客厅”。这也验证了记忆是思想的残渣。因此，不要将学习内容与环境联系在一起。

然而，即使你没有刻意关注，也依然会将环境融入记忆之中。为了更好地应对这种情况，如果你在考试中无法想起某些内容，**试着想象自己学习这些内容时的环境**，假设你就在那里。如果那个地方有特别的声音或气味，也要想象出来。想象能够帮助你恢复遗失的记忆。

一句话总结：如果想不起以前学过的知识，尝试想象当时学习的环境。

方法 50：
如果忘记了某个内容，尝试回忆主题

我们再来尝试一个小实验：60 秒内，你能说出多少种动物的名称？（当你觉得自己在短时间内想不出更多的动物时，便可以停下来了。）

你说出了多少种？如果我提示“农场里的动物”，你会想到更多吗？如果我提示“澳大利亚的动物”“马戏团里的动物”“宠物店里的动物”呢？

记忆总会按照主题或分类排布，你可以使用这种方法进行检索。1977 年，心理学家詹姆斯·皮歇特和理查德·安德森进行过一项实验，验证了这个原则。他们让被试者阅读关于两个男孩的简短描述：马克和皮特逃学了，他们在皮特家玩耍。每个人都阅读了同样的段落。但实验者告诉一部分人阅读时要把自己当成盗贼，又告诉另一部分人阅读时要把自己当成购房者。随后，被试者们进行了阅读测验。从盗贼视角阅读故事的人记得，皮特说房间的侧门总是不上锁，他的爸爸收藏了一些稀有的钱币。从购房者视角阅读故事的人记得，石壁板是新的，但屋顶会漏雨。这个结果很容易理解。如果实验者让你从盗贼角度思考，你会在阅读时注意到盗贼感兴趣的细节。同理，如果从购房者角度思考，你便会注意到购房者感兴趣的细节。

有趣的地方在于，实验者让两组人互换视角时，他们记住的内容也会发生改变。当盗贼站在购房者角度思考时，他们会想："购房者会在意什么？好的社区？房子的质量？对了，故事里说屋顶会漏雨。"

怎样将这个原则应用到考试中？如果问题很具体，比如："《凡尔赛和约》是哪一年签署的？"回忆宽泛的主题可能无法使你想起遗忘的内容。然而，在回答论述类考试中的综合题目，比如"20 世纪 20 年代，《凡尔赛和约》对法国造成了哪些重要影响"时，回忆宽泛的主题对你就会很有帮助，并且还能帮助你将知识应用到具体的情境中。比如："描述一种用虚拟现实环境模拟过山车的方法。"这类问题提供的线索很有限，你不知道自己学过的哪部分内容和它有关，只能盲目地检索记忆，就像刚刚我问"60 秒内，你能说出多少种动物"时一样。你或许会思考："我学过这类内容吗？"你也可能想到一些相关的东西，但它们不适合作为论述题的开头。

如果你不知道某道题与哪些课堂内容相关，就**在草稿纸或考卷的边缘列出所有学过的主题**。它们和"澳大利亚的动物""农场里的动物"一样，也是一种提示。针对《凡尔赛和约》的问题，你可能会列出"战争的经济影响""因条约获得的领地""士兵重新融入社会"等。你需要尽量列出更多的主题，并逐一浏览，看看它们能否唤起记忆，帮助你理解和回答问题。

这个方法当然会消耗一定的时间。只有当你做完其余的题目，并且有时间思考不会回答的问题时，才能使用它。

一句话总结：有些题目只会提供非常有限的线索，构想答案时，你无法确定课程中哪个或哪几个主题与它相关，为确保回答全面，可以在列出所有可能有关的主题后再进行筛选。

方法 51：
不断尝试

我们再想象一个实验：假如你在参加记忆测验。我向你展示了 44 幅常见物品的线条画（比如一条鱼、一朵花等），每幅画的展示时间是 5 秒，你一共看了两遍。24 小时后，你回到实验室。我给了你一张白纸，让你在 5 分钟内尽可能多地列出画中出现的物品。之后的 3 分钟，我让你做一些无关的事（计算简单的数学题），因此你没有思考那些画。我再给你一张白纸，让你尽可能多地列出画中出现的物品。之后的 3 分钟，你又做了一些数学题。最后，你再次进行了关于线条画的记忆测验。

你觉得自己在三次测验中成绩会有怎样的变化？越来越好，

越来越差，还是基本一样？

在这项实验中，人们第一次尝试时平均想起了 19 个物品，第二次平均想起了 20 个物品，第三次平均想起了 21 个物品。结论很明显：**每次尝试，人们都会多想起一些内容**。

几十年来，这种现象在很多实验中被验证，但我们还不清楚它的原因。至少提取练习（见第六章）产生了一定的效果：在记忆中寻找信息时，即使没有找到，这个过程也会让你的记忆更牢固。

你每一次都能想起更多，因为同样的线索往往会以略微不同的方式呈现出来。你可以看看台球游戏中开球的照片。虽然那些球总是摆成同样的三角形，每次的位置也几乎一样，但其实存在细微的差别。即使白球用同样的方式击中它们，结果也会不同。思考这样一个问题："卡尔巴拉战役导致了哪个宗教的分裂？"看看自己能想起什么。这个过程就像是击打白球，看看另外 15 个球跑到了哪里。每次提出这个问题时，你想到的内容几乎是一样的，但其实它们略有差别。也许某一次，脑海中的线索就会提示出正确的答案。

如果你读到一个问题，但没有想出答案，立刻重读它并没有用，因为你的记忆和 5 秒之前没有什么区别。但如果在 5 分钟或 10 分钟后重读这个问题，由于刚才思考过其他问题，你的记忆会产生细微的差异。关于"卡尔巴拉战役"，你可能会想出不同的线索。

考试时，**用 30 秒钟思考每个问题的答案。如果你没有想出来，就给它做个标记，在 5 分钟或 10 分钟后重新思考**。只要你有时间，而考试也没有结束，你可以反复这样做。

这便涉及另一个问题：应该坚持最初想到的答案，还是修改后的答案？至少从 20 世纪 60 年代起，研究者便在多项实验中验证了这个问题，他们都使用了同样的方法：检查试卷上有修改痕迹的题目，将它们分类为：（1）错误改为正确；（2）正确改为错误；（3）错误改为错误。他们发现多数情况下，学生把错误的答案改成了正确的答案。另外，被问到修改的原因时，学生一般不会说他们偶然发现自己选错了。大部分修改都经过了持续的思考，学生不断回忆学过的知识，最终对问题产生了新的理解和判断。

比如，假如关于“卡尔巴拉战役”的问题，你的答案是“佛教”，这只是一种猜测——当你看到“卡尔巴拉”便想到了佛教这个词。但回答另一道题时，你想起老师说过，许多虔诚的什叶派穆斯林身穿黑衣，是为了悼念某个人。那个人的名字你不记得，但你很确定他在卡尔巴拉战役中牺牲了。现在，你有 95% 的把握答案是“伊斯兰教”而非“佛教”，自然应该把它改过来。

如果没有这么确定呢？这种情况在选择题中很常见，因为正确的选项似乎不止一个。如果你觉得两个选项都可能是正确的，要相信第一印象还是第二印象？关于这个细节问题，我没有见过相关的实验，也确实不知道它是否有通用的答案。考试时，你应该具体问题具体分析。我会在第九章提到如何在这种情况下做出判断。

一句话总结：如果忘记了某个内容，你可以在 5 分钟或 10 分钟后重新回忆一遍——不要盲目认为第一印象或第二印象更加正确，相信自己对答案的判断。

方法 52：当心“习惯说法”

有些测验要求你直接背诵出所学内容。比如，一个三年级学生参加拼写测试，考试与学习的内容完全匹配，他学了一些单词的拼写，而这就是测验的内容。但更常见的情况是，你需要解释或应用自己记住的知识。

在应用类题目中，学生的答案本身可能是正确的，却并没有回答问题。比如，老师问：“哲学中的浪漫主义运动对当时的英国诗歌有什么影响？”学生在论述中列举了大量关于浪漫主义哲学和诗歌的内容，却没有将两者联系起来，而这个问题问的正是它们的关系。

为什么会答非所问？当然，有时是因为你不知道答案，只能写下自己在这个领域知道的东西，希望得到一些分数。然而，有时是因为你看到了一两个关键词，便想到：“这道题我会做！”还没有好好读题，你就开始回答了。通常你会想到一些“习惯说法”。**如果某个问题让你立刻想到了一些信息，你需要判断它们是**

否真的是在回答这个问题。

同样的情况也会发生在选择题中。比如，这是电工执照考试中的一道题目。

把电压表插入直流电路时，需要注意什么？

A. 功率因数

B. 输出功率

C. 电阻

D. 极性

正确答案是“极性”，也就是电路哪一侧是正极，哪一侧是负极。你需要注意这一点，但电压表主要是用来测量电阻的，也就是 C 选项。复习考试时，未来的电工常常会看到“用电压表测量电阻”的指示。因此，当问题中包含“电压表”，而其中一个答案是“电阻”时，他的大脑会立刻嚷道：“它们两个互相匹配！”它们确实互相匹配，但这不是正确答案。“习惯说法”一般是准确的，而且经常出现在学习资料中，但它可能并不适合这个问题。

考试的时候，你最好认真读题。在看到关键词时，你的大脑会想到一些“习惯说法”，要当心，它们可能并不是正确答案。

一句话总结：经过充分的备考，你会将一些知识密切关联起来，看到观点 A 便会立刻想到观点 B，但那不一定是正确答案。

方法 53：
向老师提问时先说出自己已经理解了什么

有些时候你无法想起某些内容，这是因为老师出题的方式有些出乎意料。接受新观点时，我们往往习惯于特定的表达方式，如果换一种说法就无法辨别出来。这也是我认为学习小组很有用的一个原因：和别人一起学习时，你会了解到同一个概念的多种表达方式（方法 38）。

还有些时候，老师对问题的表述确实不够清晰。**如果你看不懂某个题目，可以让老师帮忙解释。**在这件事上，不同老师的规定也不相同。有的老师在考试期间不会回答任何问题，有的大学老师甚至不会待在教室里，他们让助教帮忙监考，自己去做一些更重要的事。

如果老师能够并愿意帮你解释问题，你应该站在他的角度思考，这样更有可能得到满意的答案。在考试中回答学生的提问时，老师的心里会有些矛盾。一方面，他们不希望自己的措辞影响你答题，所以很想解释清楚。另一方面，他们不想提供和答案有关的提示，因为这对其他人不公平。因此，在考试期间，他们对学生的“钓鱼问题”很敏感：一些学生模糊地提问，希望老师无意中吐露出和答案有关的信息。

如果你能让老师知道你没有这种打算，或许他会更认真地回答。因此你需要**解释自己哪里不明白**。不要说“我读不懂第四题”或“能重新解释一下第四题吗？”，而是要说出具体的困惑。你的表达既要简洁，又要体现出思考的细节。比如：“我不太明白第四题，因为它让我解释国民教育体系有哪些缺点。但我们讨论了很多关于国民教育体系的例子，比如中国、新加坡、韩国的教育，那里的学生学习效果都很好。”

老师可能会提示你注意一两个忽略的词。他可能会觉得这个问题表述不够清晰，并用另一种方式再问一遍。他可能会告诉你，你的思路很正确，你感到困惑只是因为紧张。他也可能不提供帮助，而是说：“按照你的理解回答就可以。”如果你只说“我不太明白”，老师就无法知道你的具体想法，他会以为你想得到关于答案的提示，但他又不能提供，所以只能用最后一种方式回答。

一句话总结：如果你不理解某个问题的表述方式，可以请老师帮忙解释，但要表明具体的困惑，并说出自己理解了哪些部分，这样老师才会知道你真的需要他来解释问题，而不是想得到关于答案的提示。

方法 54：
不要过度思考

在本章开头，我说过考试要求你做到两件事：从记忆中提取知识，应用这些知识。关于如何回想起正确的知识，我们已经了解了一些方法。那么要如何应用它们呢？

考生往往无法正确地应用知识，这种情况在选择题中尤为常见。如果他们不确定答案是什么，便会采用一些自以为奏效的应试技巧，但那只会指向错误答案。我来举几个例子说明为什么这些技巧很糟糕，以及哪些方法更适合模棱两可的情况。

有时，你会陷入过度思考中。这一现象最常出现在选择题里，某些选项会让你想得太多。比如，你知道 A 是正确的，B 和 C 明显有错误。但你看了看 D 选项，想："D 可能是对的。"于是，你开始不知不觉地赞同 D 选项，并构想一些适合它的情境。在这个过程中，**你往往给问题添加了某些假设或原本不存在的内容**。比如，一道题讲的是关于日常事件（去餐厅吃饭）的记忆。只有将外出吃饭看作一件带来具有强烈情绪回忆的事情时，某个答案才是正确的。一个学生选了那个答案，她说："当时我想的是，一件事可以为你带来情感和回忆，所以或许外出吃饭能让人开心。"后来，她发现自己的推论并不生效。

如果你无法在两个答案之间做出选择，就问自己：（1）我需要添加假设，才能让其中一个答案成立吗？（2）有没有哪个答案只在某些情况下是正确的？如果某个选项符合上面任何一种情况，而另一个选项两种都不符合，你便知道后者才是正确答案。

还有些时候，学生并不是无意间陷入过度思考，而是故意这么做。参加 SAT（也称“美国高考”）这类标准化考试时，他们会用排除法来回答选择题，比如“不要选择包含‘绝对’或‘绝不’的选项”或“如果某个选项肯定了一件事，另一个选项否定了这件事，肯定的选项一般是对的”。当你用尽其他方法，但依然没有头绪时，**排除法可以作为最后的手段**。它的效果存在争议，连它的支持者都会说，排除法不能用于每一道题。你正是用这种方法把自己引向了错误答案。

阅读选择题的选项之前，你可以在心里回答一遍。如果你的答案就是其中一个选项，那很好。如果不是这样，你便会采用应试技巧进行分析和排除，看看哪个选项最有可能是错误的。

这不是一种好方法。

答不出题目时，你应该花更多时间研究这道题目。答案来自你的记忆，而题目就是线索。想出答案要从题目入手。詹姆斯·麦迪逊大学的学习方法专家大卫·丹尼尔提出了“80/20 定律”：大多数学生用 20% 的时间研究题目，用 80% 的时间思考答案。他认为，如果反过来一下，**用 80% 的时间研究题目**，他们的成绩会提高很多。

一句话总结：答不出题目时，你以为应试技巧能帮你找出正确答案——其实并不能，那只会让你质疑自己的想法。

方法 55：
回答论述题时，想好结尾再动笔

大多数学生应该在选择题上少用一些技巧，在论述题上多用一些技巧。写下论述题的答案时，他们并没有经过足够的思考。

这种现象可以理解。论述题很宽泛，而且往往具有启发性，总会让学生立刻想到一些东西。当你把这些内容写在草稿纸上，又想出了一些新的内容时，便会认为答案的框架已经形成。由于时间有限，你会急着动笔。

正如某句老话所说，一个编剧总是还没想好结局，就想写开头。当一个编剧告诉另一个编剧他想出了一个精彩的剧本，对方一般会问："结局是什么？" 写剧本是一件很难的事，你需要创造生动的人物和有趣的情境，而写出让观众满意的结局更是难上加难。

考试中的论述题也是如此。如果你复习过，可能会想出文章的几个组成部分，并得出说得过去的答案。写好结尾和组织结构更困难，但做好这两点，你的文章会增色许多。

回答论述题时，我建议你使用三步法。假设考试的题目是："写一段论述，探讨《哈姆雷特》中的'表象与现实'。哈姆雷特无法面对现实，你认为这是一种毁灭吗？"

第一步：在草稿纸上列出要写哪些内容。你可以进行头脑风暴，但要记住你想到的东西不一定都与题目有关。《哈姆雷特》中有很多内容和这个主题没有关系，但由于你知道这些内容，便想把它们塞进答案。

整理自己列出的信息，确保它们与主题相关，**用一些子话题为它们分类**。在这个例子中，子话题是：（1）对“表象与现实”这一主题的探讨；（2）哈姆雷特无法面对现实这一主要性格弱点。

子话题能够帮你判断支撑答案的证据是否合理。你至少要为每个子话题找到两个证据，最好是三到四个。如果证据与子话题的关系是“A 是 B 的原因”或“A 是 B 的例子”，你应该拥有多个证明这一点的理由。

另外，在头脑风暴时，你要按照层次来思考。我之前说到，课程和阅读材料都有自己的层次结构。你会列出一些事实、主题、观点，它们并不属于同一个层次。结论位于最顶层，下一层是相关的阐述、证据和解释等。你还要在文章中清晰地展现出它们的关系。

最后，判断自己会在这个题目上花费多少时间。如果试卷上只有三道题目，你自然应该在答案中涵盖更多细节。但如果有十道题目，你就不必这样做。

第二步：在草稿纸上写出大纲。你已经在第一步中列出了很多事实，并考虑过它们属于题目的哪一部分，还划分了层次结构。把这些内容整理成大纲。我知道时间紧张，但列出大纲很有必要。你希望自己的文章结构清晰，句子完整，又不能同时思考逻辑和句式这两个问题，大纲会帮助你梳理想法。

大纲能帮你确定观点的顺序，以及每个观点之间如何过渡。它还能帮你发现逻辑上的漏洞，以及哪里需要添加细节。它也能让你认真思考自己的结论。**如果没想好文章的结尾，不要急着动笔。**

第三步：写作。如果你写出了满意的大纲，便不需要添加更多的内容——一切都在大纲里。你只需要清晰地表达观点。你可以选择合适的词语，让段落更加连贯，并交替使用长句和短句。

老师有时会说，重要的是你的观点，而不是写作水平。或许有的老师打分比我公平，因为我很难分辨这两者。当我读到某些难懂的内容时，需要判断这究竟是因为观点不合逻辑，还是写作水平比较差，而这两种情况一般难以区分。即使写作水平不计入得分，尽量写出更好的文章也没有坏处。

一句话总结：论述题需要大量的思考，利用三步法能让你在短时间内写出结构清晰的文章。

通过充分准备和认真答题，你在考试中取得好成绩的概率将会大幅提高。但这些方法并不总是奏效。你在这门课上处于劣势或许是因为学科基础不够好，或许是考试时很不走运，也或许是你的学习和应试方法还需要改善。下一章，我们会讨论如何根据考试结果调整学习的方向。

写给老师

对老师而言，思考这个问题是不愉快的，因为他们确实无法保证自己出的试卷能够真实地衡量学生的知识储备和技能水平。为标准化考试命题的专家们会花很多时间检验每道题表述是否清晰，是否有其他的漏洞，但大部分老师不是专家，也没有这么多时间。然而，你依然需要进行一些简单的检查。

选择合适的题型。选择题能够考察概念之间的细节差异。填空题和简答题能够让学生回答出（而不只是分辨出）简单的观点。论述题能够检验学生分析问题和批判性思考的能力。不要幻想着用选择题来检验批判性思考。一些最好的机构试图在美国国家教育进步评估中做到这一点，但他们失败了。

不要在题目说明中设置障碍。学生认为，你的考试形式和其他的考试没有区别。如果你改变了考试形式，要让他们清楚这一点。例如在简答题部分，如果他们不需要回答一整段话，只需要简单地列出原因，那么你一定要强调这个差异。如果“不”字在这道题中很关键，就给它加粗或加上下划线。

不要考验学生的运气或直觉。告诉他们考试会包含什么内容：他们需要记住人名、日期吗？来自阅读材料和课堂内容的题目各占多少比例？

不要涉及与课程无关的知识。一些有趣的文化常识会让没看懂的学生分心，比如“巴特·辛普森在失重状态下以每分钟 50 千米的速度移动”。试卷中不要出现复杂的语法、冗长的题干，选择题中也不要出现“A 和 B”“以上都不是”等特殊选项。它们需要学生一次性处理大量信息，这增加了考试难度。

遇到模糊的题目，不要让学生自己理解。如果你无法写出完美的题目，就要在考试期间通过某种方式向学生解释它们。你可以亲自监考，也可以让学生在试卷边缘写下自己为什么这样回答。

你可能会觉得这些建议是为了事无巨细地帮助学生，让他们充分理解考试的内容。但我认为，它们也能帮助你更好地考查学生对知识的掌握情况。

给老师的总结

- 用适当的题型检验适当的知识。
- 如果你的考试方式和普遍的规则不同，要让学生清楚这一点。
- 提前告诉学生考试的范围。
- 不要在题目中包含文化常识或其他无关的信息。

第九章

如何从过往的考试中吸取经验

如果你某次考试没考好，就需要考虑改变备考策略。要从哪些方面改进呢？大多数人都会说：“我还要更努力学习。”但这种说法没有用，因为它不够具体。

你要思考自己没有答对题目的原因：

1. 由于没去上课或没有阅读材料，你不知道考试中出现的一些内容。
2. 你知道这些内容，但没有理解。
3. 你理解了这些内容，但没有将它们写在笔记里。
4. 它们出现在笔记里，但没有出现在学习指南中。
5. 它们出现在学习指南中，但你没有记住。
6. 你记住了它们，但在考试时没有回想起来。
7. 你本来知道答案，却对题目理解错误。
8. 你本来知道正确答案，却不小心勾选了错误答案。

其中一些错误你经常会犯，另一些错误你只是偶尔会犯。分析失利的考试不是一件有趣的事，但你需要判断自己最欠缺的是什么，并在这方面付出更多努力。

判断考试失利的原因时
你的大脑会这样做：对于考试失利，它只会武断地想，“我还要更努力学习。”
如何激发大脑的潜能：不要逃避，要分析失利的原因。这些原因能够帮助你更好地准备下一次考试。

本章会教你如何利用已经结束的考试分析备考的缺陷。我也会指出学生在分析试卷时存在哪些普遍问题。

方法 56：
给错误分类

要想找出考试失利的原因，你需要分析自己没答对的题目。首先要标记出它们，也要标记出你不会做但猜对了的题目。

要如何分析它们？我先说那些有明确答案的题目，比如选择题、填空题、数学或科学考试中的计算题。你可以用两种方式分析自己的错误。

第一，**分析错题内容**。最简单的方式是给错题分类。你的错误是不是集中在某个主题上？你的错误主要出现在与阅读材料相关的题目还是与课堂内容相关的题目中？你的错误主要涉及事实和细节，还是宏观主题？如果你发现自己总是答错同一类题目，就要在下次考试前确认笔记和学习指南是否完整。你可以与学习小组的同学核对一下，确保没有遗漏。

要检查答错的内容是否同时存在于笔记和学习指南中。你的学习指南可能不够完整，下一次要尽量完善它。

你答错的题目是只要求记住具体的知识，还是要求用新的方式应用知识？应用类问题难度更大，但采用一些技巧，你也可以回答得更好（见第六章）。

第二，**浏览每一道答错的题目，分析自己当时是怎么想的**。回顾答错的题目，我们会发现自己答题时会有以下 8 种想法，我也解释了每种想法可能代表什么。

1. 看到试卷中出现这个问题，你很惊讶。这意味着你完全不知道这个内容（它不在你的笔记上），或者你认为它不重要，没有把它列入学习指南。这种情况出现一两次是很正常的，但如果出现很多次，你的补救方式是：仔细检查自己的学习指南，将它补充完整。

2. 你感觉哪个选项都不对（这种情况出现在选择题中）。或许你理解这个概念，但没有把它列入学习指南。或许你没有理解这个概念，但以为自己理解了。最有可能的是，你的笔记或学习指南出现了错误。问问别人是如何理解这个问题的，与自己的理解进行对比（方法 23）。

3. 你现在知道答案是什么，但当时想不起来。这说明你对学习指南中的内容复习得还不够。你应该适当地超量学习（方法 50），也可以重温第八章中回忆知识的方法。

4. 你知道这道题考察了某个概念，也学过那个概念，但当时你看不出这层关系。我说过，有些题目直接考察对知识的记忆，但有些题目考察对知识的应用。你遇到的是应用类问题。你可能学过巴普洛夫的狗听到铃声就会流口水的例子，也学过其他一些例子（比如被猫挠过的小孩害怕猫），却没有看出考卷中描述的场景（比如你喜欢某种香水是因为某位迷人的女士常常会用）也是同一种学习类型。这类问题是最难的，我在第六章讲过要如何复习。

5. 你犯了愚蠢的错误。你阅读题目并看到一些关键词，便认为自己知道答案，于是把它写了出来，但你没有注意到题目中的“不”字。或者在数学考试中，你本来要写 $(x+y)^2$，却忘记了平方符号。这类错误最让人生气，但它们并不代表你有什么严重的问题。你只需要更加认真，并按照第八章中的方法检查答卷。

6. 你现在依然不知道自己错在哪里。你的笔记和（或）学习指南可能没有包含足够的细节。你部分理解了某个概念，却漏掉了重要的细节，所以无法看出为什么你写的答案不够准确。你可以向老师进一步确认。

7. 你过度思考了。使用应试技巧往往会引发过度思考。你可能让自己陷入了错误答案中，也可能曲解了题目的意思（方法54）。

8. 这道题具有迷惑性。你认为自己了解这个知识，如果题目问得更直接，你可能会答对。由于措辞的误导，你的思路出现了偏差。在本章后面的部分，我们再来探讨具有迷惑性的问题。

如果错误集中在一类或两类中，你应该很清楚如何改进。你只需要阅读本书的相关章节，并在下次考试中应用这些方法，看看是否有效。

如果你发现自己的问题不止一到两种，也就是说你答错题目的原因有很多，那么问题的根源或许在于你没有制订好学习计划。我们将在第十章探讨这件事。

一句话总结：你可以通过回忆当时的想法来分析答错题目的原因，从而知道在备考或考试中哪一步出了错。

方法 57：
分析论述题的缺陷

你可能以为分析论述题的缺陷很容易。老师不会为选择题、判断题或填空题提供太多反馈，但可能会针对论述题列出一些细节。当然，他们不会每次都这样做。对于老师而言，提供这类反馈需要花费很长时间。如果只有一场考试，我可能会为每一篇文章写下清晰、细致的反馈。但如果要面对 80 场考试，而时间又很有限，我只会在一大段话旁边写一句无用的评价，比如“意思不清楚”。(我还记得老师在 20 世纪美国文学课的期末考试中对我的评价，他只写了“不太好，C+”。)

如果没有得到反馈，你可以询问老师。如果这样不方便，你至少可以在学习小组中问问谁在这些题目中得了满分。看到好的答案是什么样子，你便会明白自己的答案欠缺什么。比如，你发现那个同学举了更多详细的例子，或者从更多话题中寻找到了证据。于是你便能够逆向思考，想到怎样才能更好地准备这类题目。(对于一些标准化测试，比如大学预修课程考试，你可以阅读带有评分标准说明的范文。)

你还要**思考自己要写的是哪种类型的答案**。论述题主要有两种类型。有的题目要求你阐述或解释某些内容。或许在微观经济课上，你们花费一整天时间讨论了经济变量的弹性，那么论述的题目可能是“写出弹性的定义，列出三种衡量弹性的方法，并列举它们的优点和缺点”。这个问题需要你回想学过的知识。你应该把它们列入学习指南并记住。另外，这类题目更容易打分。阅卷人知道应该寻找哪些内容，并为每部分内容设置了一定的分值(答案可以分为定义、三种方法、优缺点这三个部分)。

如果在这类题目中没有得到满分，你应该很容易找出自己的问题。和应对选择题、简答题一样，你应该检查这部分内容究竟是在笔记和学习指南中漏掉了，还是当时写下了却没有记住。

另一种类型的题目要求你思考新的内容，比如某个结论或某种假设的情境。你可能会犯这些错误。

第一，**老师心中有预想的答案，但你不知道**。一个想当老师的人可能会参加阅读指导课程，期末的考题是："如果一个 8 岁的孩子在暑假里每读 1 本书，你就给他 1 美元，这种做法好吗？"你不知道自己学的哪些内容与它相关，只能在答案中罗列一些似乎有关的概念。由于题目中没有出现"奖励"或"动力"，你便忘记了自己曾用半节课学习过奖励与动力的关系。具体地说，即奖励可能会起到相反的作用，让人们不再有动力去做那件事。

这和我在第六章提到的问题很像。它需要你将特定的情境（阅读与钱）转化为普遍的原则（动力与奖励）。如果下次考试会出这类题目，你可以看看第六章中的方法。

第二，你的想法可能是正确的，但写出的文章却很糟糕。这或许是因为你没有形成论点、结构杂乱、过渡不够好，因此老师看不出你的思路。**你在文章中罗列了很多正确的事实，却没有让它们形成一个整体**。比如，"8 岁的孩子"那个问题需要你得出一个结论。你可以分别指出金钱奖励的优点和缺点，但要在结尾进行比较，并表明这种做法到底好不好。如果结论缺失或不太合理，你还需要进一步完善自己的答案。

第三，你记住了相关的内容，也把它们写在了答案中，但是还写了很多不相关的东西。你知道自己应该谈论奖励和动力，但又想到老师心中可能还有别的答案，并且觉得多写一些总没有坏处。于是你写了阅读对于学习的重要性，并根据发展心理学课程的内容总结了 8 岁孩子的特点，又讨论了行为心理学家对奖励的看法。

学生总以为他们应该尽量多展示自己知道的内容。有时可能是这样，但大多数情况并非如此。有些老师专门强调，如果你为了得分写下很多不相关的内容，他们反而会扣你的分数。即使没有这样的规定，如果你写出了 3 个很好的观点和 4 个正确的事实，但都与题目无关，我也会在阅卷时觉得很奇怪。这就像是在冰激凌中加入了牛肉汁。

“怎么，你不喜欢牛肉汁吗？”

“我喜欢，但它不该出现在冰激凌中。”

想要避免这个问题，你需要在列出大纲时谨慎选择答案中包含的内容。

第四，**你的答案很好，但是与题目契合度不高**。比如，一门关于莎士比亚的课程期末题目是：比较希腊戏剧和莎士比亚戏剧中的爱情观。老师希望你关注《罗密欧与朱丽叶》，但不知为何，你几乎没有提到这部戏剧，却根据你读过的另一部戏剧《哈姆雷特》构建了答案。你写得不错，但一开始思路就出现了偏差。你需要在写作之前，甚至在写大纲之前多加思考。你可能太紧张了，一想到《哈姆雷特》就开始匆匆动笔。

最后，我们来聊聊糟糕的书写。大部分阅卷人不会因为语法、拼写和搭配错误而扣分。但是如果你的表述太过随意，可能会被扣掉一两分，比如：“人们以为康德很厉害，可你读他的书时，觉得他就是个疯子。”

考试中可能会有“语法不扣分”这个规定。然而，如果你的文章处于两个等级中间，却有很多语法错误，阅卷人会无意间将你划分到较低一等。所以当你拿到低分时，不要说：“老师只是不喜欢我的写作方式。”老师的经验很丰富，也接触过许多不同的写作风格，一般不会有这样的偏见。考试结束前，多花一些时间校对。

一句话总结：老师有时不会针对论述题提供太多反馈。但如果你了解了几种常见的错误类型，便会知道为什么自己分数不高，以及下次要如何改进。

方法 58：
看清迷惑性问题的本质

这里有一道脑筋急转弯：想象你坐在快要沉的小船里，看不到陆地，周围都是饥饿的鲨鱼。你该怎么办？

答案是：停止想象。

为什么人们听到这类脑筋急转弯，总会唉声叹气？他们本以为得出答案需要聪明的才智或非凡的问题解决能力。其实，想要答对，你只需要看穿出题者的诡计——他让你想象一种情境，并假设这是真实的，也就是说脑筋急转弯中的世界就是现实的世界。没有这个规则，一切就不成立了。如果你问我，我便会回答："我会从口袋里拿出直升机，然后飞走。"

迷惑性问题和这类脑筋急转弯很像。掌握了知识的学生会得出一种答案，但老师却会用歪曲的理由解释另一种答案。比如"2+3=？"，学生会回答"5"，但老师会说："这不是加号，而是旋转后的乘号，所以答案是6。"

我认为**迷惑性问题在考试中很少出现**，因为出题者想要了解的是答题者学会了多少。如果出题者是老师，他们还希望学生喜欢这门课程。迷惑性问题无法实现这两个目标。

如果你认为老师出的某道题包含了很多潜台词，就和学习小组的同学讨论一下。我想，他们会觉得你指出的题目其实表述很清晰。但每个人都会有一两道不太理解的题目。

如果一道题很难懂，问题往往不在于它的描述不够准确，而是在于学生的理解不够深入，比如下面这道题。

西欧浪漫主义时期的绘画：

A. 主要是风景，很少涉及人像

B. 经常展现自然的力量，但也包含人像

C. 关注希腊神话这一主题

D. 具有强烈的宗教性

你知道浪漫主义时期与古典主义时期不同，它们不关注传统意义上的宗教，所以C和D是错误的。你还知道浪漫主义关注自然，但不确定要选A还是B。你最终选择了A，因为很少涉及人像意味着对自然更加重视，但正确答案其实是B。你很恼火，因为这两个答案非常接近，而且正确答案与你对浪漫主义时期的理解有些不一致。A和B的主要差别在于这一时期的画作是否包含人像。所以，一定是“很少”这个说法有问题，它太主观了。

然而，由于对知识的理解不够深入，你的判断并不准确。你知道浪漫主义画家关注自然，却不知道他们对自然充满敬畏，人物往往作为观赏者出现在美丽的风景中。重要的一点是，这些人物通常很小，这是为了体现他们的微不足道。

有些问题难以理解是因为它们不符合“习惯说法”。比如，老师用“夜幕降临”作为例子，讲解了暗喻这一修辞。大多数学生都把它记了下来。考试题目是：

“夜幕降临，就像落下一场温柔的雪。”这句话运用了哪种修辞方法？

A．明喻

B．暗喻

C．类比

D．以上都不是

你知道“夜幕降临”使用了暗喻，两者在你的记忆中彼此关联。当你看到“夜幕”，便会想到暗喻。然而这句话使用的是明喻，而不是暗喻。在这类题目中，“习惯说法”会把你引向错误的答案。我一般不出这种题，但你确实会在考试里见到它们（方法 52）。

有时，老师会无意间写出有两个正确答案或表述不清的选择题。好的老师会承认自己的失误，并把两种答案都算作正确。如果你觉得自己答对了，但老师认为不对，通常不是这种情况。更有可能的是，你在某种程度上掌握了知识，但不够深入，所以只能选出接近的答案，无法选出正确的答案。

一句话总结：你认为某道题目难以理解，通常是因为对知识的掌握不够深入。

方法 59：
想想自己哪里做得好

你要知道自己在考试中有哪些失误，但也要承认和赞许做得好的地方。即使你考得不好，甚至对自己的成绩很失望，也依然学到了东西。**要肯定自己的成果。**人们总是对工作感到沮丧和绝望，是因为：（1）过于理想化；（2）对未来缺乏动力；（3）公司真的很无聊。如果是第三种，就离开吧。

然而，肯定自己的成果不仅能够让你的情绪更加稳定，让你更有动力，还能使你意识到自己的优点。你已经分析过自己答错的题目，知道不要再犯哪些错误。**你还应该分析自己答对的题目，从而知道要保持哪些习惯**。你注重细节吗，擅长阅读吗，有没有成功避开“习惯说法”的陷阱？无论做到了哪一点，你都应该坚持下去。如果你在尝试新方法时取得了成效，就更应该如此。

分析答对的题目还会**让你更清楚哪些方面需要提高**。比如，查看答错的题目时，你发现它们要求你整合多节课的观点。再查看答对的题目，你发现它们也有同样的要求。于是你会问：“两者有什么区别吗？”你发现自己更容易答对涉及课程前期内容的题目。到了后面，你变得越来越忙，没有在整理笔记时整合各种观点。

意识到自己的优点能让你更好地了解自己的弱点。如果你想在未来做出改变，就要认清自己的优势和劣势。

一句话总结：关注自己做得好的地方，一是因为这会让你更有动力，二是因为这会让你更清楚哪些方面需要提高。

方法 60：
克服畏难心理

我常常听别人描述他们眼中的绝望是什么。多年以来，我对绝望的想象是：魔鬼把我带到一个空荡荡的小房间，里面只有一张矮凳，我坐在那里，听别人一遍又一遍地朗读我的大学毕业论文，永远不会停下。所以，如果回顾失利的考试令你沮丧，我也可以理解。

诺曼·文特森·皮尔说，大多数人“宁愿被赞扬毁灭，也不愿被批评拯救”。然而，回顾考试中的问题时，你需要克服不情愿的心理。

有些人错误地看待考试失利，从而对学习和智力产生了扭曲的看法。他们认为：

1. 智力是先天决定的，无法改变。
2. 聪明的人永远不会出错。

这样的结论会使你认为：只要犯了错，所有人都会知道你很愚蠢；智力是先天决定的，怎么努力都无法改变。因此剖析错误会让你感觉很不好。幸好这些结论并不是真的。

智力可以改变，我们来看看相关的研究是怎么说的。研究表明，智力由两部分组成，一部分是你掌握了多少知识，另一部分是你思考时是否轻松，速度如何。第二部分被称作“神经反应速度”，或许无法变化。人们尝试通过培训来改善这一点，但谁也没有成功。

但你的知识很容易改变。**学习更多知识会让你变得更聪明。**然而，学习会使人感到沮丧。某些人反应更快，他们在接触新内容时也比别人学得快。比如，两个人正在学习下国际象棋，反应更快的人能够立刻掌握要领，击败另一个人。但如果另一个人努力练习，他就会掌握这一领域的知识，比如好的开局是什么样的，如此一来，他自然能够战胜反应更快但缺乏相关知识的对手。

你可以在任何学科中变得擅长，只要坚持学习。

“聪明的人永远不出错”显然也是假的。谁没有犯过错呢？有些人在你眼中很聪明，看上去似乎从不会犯错，但这其实是因为他们非常努力。

有些学生喜欢声称自己没有阅读材料，也没有准备考试。他们这样说是因为可以显得自己天生聪明，仿佛不努力就能学得很好。我这一辈子都待在学校，或是作为学生，或是作为老师。我可以笃定地说，成绩好的学生都很努力，很少有例外。

找出自己的缺陷也是努力的一部分，做到这一点，你才能更合理地分配精力。只有不怕从错误中吸取教训的人才能在每一门考试中都得到A。**浏览答错的题目会让你觉得很蠢，但你要提醒自己，这是聪明人才会做的事。**

你还要提醒自己你已经很棒了。或许你还没有达到目标，却取得了不可否认的成就。如果没有这么努力，结果又会怎样呢？你也要提醒自己想一想为什么要完成这门课程，为什么要通过资格考试，等等。你不是只想在考试中得到A，而是还有更长远的目标。既然目标还在，一次挫败不应该阻止你继续努力。

如果你把考试失利当作可怕的负担，我有一个能够在初期帮助你的办法。

想要克服畏难心理，你要告诉自己，第一步只需要将错误分类（方法 56）。你不需要研究正确答案，也不需要解释自己的答案，只需要把答错的题目分为几种。如果这些题目让你感到挫败，就出声对自己说："聪明的人才会在考试之后这样做。虽然过程很难熬，但这是我应该做到的。"过了一段时间，再（根据需要）检查阅读材料和笔记，进一步了解每道题错在哪里。你可能会发现之前的分类不够准确。再过一段时间，判断自己是否犯了很多同类的错误。将一项任务分成几个部分不符合一般的习惯，毕竟你总是急着完成它，但这样可以减轻你的畏惧心理。

一句话总结： 擅长学习的人确实很少犯错，但他们能够取得成功，是因为愿意面对自己的错误并从中吸取教训。

写给老师

我认为老师应该在课堂上回顾考试情况，但不必解释为什么一个答案是对的，另一个答案是错的。你可以利用方法 56 和 57 帮助学生分析他们的错误类型。很多学生不知道这些方法，如果学会了，他们也可以应用到别的课程中。

当然，学生也需要知道每个答案是怎么回事。你可以和他们单独交流、线上沟通，也可以提供一份带有解释的答案。我喜欢单独约见想要获得反馈的学生，因为这样可以和他们深入地聊聊学习上的困难、学习方法、笔记，等等。

有些大学老师不喜欢这样的会面，因为学生往往很情绪化。需要反馈的学生一般都考得不太好。他们来见你，是因为担心自己的学术生涯，而不是想要得到泛泛的建议。他们通常很沮丧。

其实，学生和你见面，更多是一种情绪上的需求。他想要倾诉自己的苦恼。他对自己很恼火、很失望，只是想让你知道这一点，不需要你为他做什么。

还有些时候，考试只是一个借口。学生约你见面是因为他在生活中遇到了麻烦。我们学校的学生大多家庭状况良好，但是前几年，我遇到过这样的情况：（1）有个学生的父母不再给他钱，为了留在学校，他需要整夜去做酒吧招待；（2）有个学生的姐姐犯了毒瘾，他需要帮她照顾小孩；（3）有个学生只能住在夏洛茨维尔汽车站里；（4）很多学生都有早期或中期的抑郁、焦虑症状。

有时，考了低分会让那些遇到困难的学生来见你。还有些时候，他们只是寻求学习上的帮助，没有透露自己的困难。你要仔细观察、认真聆听（也要敞开心扉），努力分辨学生来找你的原因。

和学生见面时，你说的每一句话都很重要。如果你执教时间比较长，便会有从前的学生回来看你，向你提起某次谈话的细节。虽然你可能早就不记得，但那些话对他来说很重要——人们喜欢某个故事，是因为他们是其中的主角。有时我会想，我一定也说过很多消极或不耐烦的话，给学生留下了深刻的印象。要记住，很多学生都很脆弱，你应该时刻注意自己的言行。

给老师的总结

- 利用课堂时间分析试卷。
- 如果学生想要了解关于具体题目的细节，比如为什么某个答案是正确的或错误的，可以提供一种方式让他们知道。
- 与学生单独沟通很耗时，但这可以深入了解他们在学习中遇到的困难。
- 学生考试成绩不理想，可能是因为遇到了生活上的麻烦，但他们往往不愿说出来。
- 要记住，老师的话语能够对学生产生重要的影响。

第十章

如何制订学习计划

本章写给那些不习惯制订计划的人。你可能会为此惊讶，但多数大学生都是这样的。当调查者问：“你怎样决定什么时间学习什么？”他们往往会回答：“哪些内容更紧急，我就学哪些。”

我们把制订计划分为两部分：一是记得在正确的时间做正确的事，二是确保自己为要做的事分配了足够的时间。记住自己要做哪些事情需要**前瞻记忆**，也就是说你不仅要想到某件事，还要记得将它完成。清晨，你发现车里的汽油不够了，便需要依靠这种记忆，你想：“晚上回家时我要去加一点油。”另一个例子是服药。你从药剂师那里取到了药，需要记得在接下来的 5 天里每天吃三次，每次吃一片。

前瞻记忆当然也会失效，你可能会忘记给车加油或吃药，但这种情况很容易避免：不要过度依赖记忆。**用某种方式提醒自己在正确的时间做正确的事**，比如在方向盘上贴一张便条，这样就能在回家时看到。也可以定一个手机闹钟，提醒自己按时吃药。这种方法很好，如果你需要提醒，不要忘了坚持设置它们。

计划的第二个部分是判断做一件事需要多少时间。人们总会低估完成任务的时间，这就是所谓的“规划谬误”。想想你看到的公共建筑工程，它们每次都会超期、超支。例如，悉尼大剧院本该花费 700 万澳元，在 1963 年开放，但它于 10 年后的 1973 年才建好，耗资 1020 万澳元。

这些项目规划者并不愚蠢，但他们过于自信，以为自己能解决各种难题。例如，悉尼歌剧院就遇到了分流雨水系统失灵的麻烦。另外，如果人们认为某些问题不太可能出现，便会完全忽略它们。这种做法好像很明智——为什么要担心不会发生的事呢？问题在于，很多情况都会导致一项复杂的工程延迟。单独来看，它们发生的概率都很小，所以便被忽视了。但综合考虑，发生其中某一种情况的概率其实很大。

这种谬误很容易避免，但是只要你注意到它，便可以为各项任务分配更多的时间。相比之下，保证前瞻记忆不会失效反而更难，但解决方法也不复杂：养成习惯，把要做的事情写下来并随时查看。然而习惯的形成需要一些毅力。

制订计划时
你的大脑会这样做：它不会为任务分配足够的时间，而且会忘记要做的事。
如何激发大脑的潜能：养成一些简单的习惯，知道自己应该在什么时间完成什么任务。

在本章中，我会提供一些关于制订计划的建议。如果你不是为每一项任务分别安排时间，而是每天用固定的时间来学习，你的计划会变得简单很多。

方法 61：
保证充足的睡眠

人们总是把睡眠当成选做项，学生更是如此。他们以为，精力总会自己恢复过来，或者可以在周末补觉。人们常常舍弃睡眠，但他们不会舍弃其他的基本需求，比如吃饭或呼吸。

然而，睡眠会直接影响你的认知。你或许注意到，**睡眠不足会让你在第二天难以认真思考，难以集中精力**，也会让你变得情绪不稳定，更容易发脾气。更惊人的是，睡眠不足会影响前一天的学习效果。你今天学习的内容是今天的记忆，但它还要经过“凝结”的过程，才会变得更牢固、更不容易忘记。这个过程与睡眠密切相关。因此，睡眠不足会导致前一天的学习质量降低。

根据美国疾病控制与预防中心的研究，青少年每天应该有 8 至 10 小时的睡眠，成年人应该有 7 至 9 小时的睡眠。在不同的研究中，达到这一目标的人数比例也有所不同，但一般是不到 50% 的。

大多数人睡眠不足是因为睡得太晚，而不是因为在闹钟响起前就已经醒来。有时你会刻意熬夜，但有时你只是在该睡觉的时间还不困。为什么会这样？

到了该睡觉的时间，你的身体会对两种信号很敏感。一种信号是体内的生物钟，尤其是皮质醇的分泌。皮质醇就像闹钟。你的身体会在清晨分泌很多皮质醇，在晚上分泌得却很少。如果你的作息哪天不符合平日里的习惯，体内的生物钟就会发出提示。一个伦敦人去多伦多旅行，下午6点时就会犯困，因为他的身体以为这是晚上11点。青少年时期，皮质醇分泌的波峰和低谷会不那么明显，这也是学生们晚上不愿睡觉，早上不想起床的一个原因。

另一种信号是外界的环境。如果你在晚上有自己的固定规律——刷牙、洗脸、换上睡衣、熄灭大部分的灯、阅读几分钟，你的身体便会了解这一规律。做完前五件事，它就知道该睡觉了。

刚刚提到的研究结果可以帮助你用具体的步骤来改善睡眠。你无法控制早晨醒来的时间，所以只能早睡。外部环境相对容易改变。体内的生物钟虽然可能滞后，但最终会根据外部信号进行调整，倒时差就是这样的过程。下面几种方法可以改变外部环境。

1. 拥有固定的日程。你可能觉得睡前的仪式很蠢，而且你的身体也要花时间去适应，但这样可以让你更快入睡。每天都在同一个时间上床睡觉。经过练习，你的生物钟会自行调整，你也会在那个时间开始犯困。

2. 睡前不要长时间看屏幕。屏幕的光线会让你的大脑以为现在是中午，于是你的生物钟就会被打乱。睡不着的时候，我们常常会看手机，并想："我就是因为睡不着才会看它。"其实情况正好相反：由于一直看手机，你才会睡不着。

3. 一直躺在床上。我知道这听起来很奇怪，但你不应该向身体发送复杂的信号。一旦决定了睡觉的时间，就要坚持躺下。不要只躺 5 分钟，发现自己睡不着，就起来待一会儿。闭上眼睛，安静地躺着，这样你至少也得到了休息。

4. 调整作息时要循序渐进。假如你总是在夜里 2 点睡觉，想要把入睡时间调整为 11 点，不要 10 点 59 分就上床。你只需要每次提前 15 到 30 分钟，确保自己 1 点 45 分已经躺在床上，坚持一个星期或更久，直到你每天都能在那个时间很快入睡。然后再把时间变成 1 点 30 分，以此类推。

5. 如果有时间，在白天打个盹。我知道有些人无法打盹，因为他们的身体不配合。但有些人可以。如果你晚上总要熬夜做一些有趣的事，可以用这种方式来保证睡眠时间。如果你发现自己醒来时昏昏沉沉，说明进入了深度睡眠。打盹不要超过 20 分钟，也不要选择太舒服的姿势，比如坐在一张舒适的椅子上就行，那样你就不会睡得太沉。

一句话总结：睡眠质量对学习效果有直接的影响，很多人会因为睡眠不足而沮丧，可以采用一些方法来提升睡眠质量。

方法 62：
留出专用的学习时间

有些学生坐下来学习时，总是不知道自己应该做什么事。哪些内容比较紧急，他就会学哪些。这不能称之为规划，只能算是止损。这种行为会导致三个糟糕的结果。

第一，你会经常临时抱佛脚。如果你在周二才学完周三必须完成的内容，在周三才学完周四必须完成的内容，可能直到周四晚上，你才会有时间准备周五的测验。

第二，你习惯于问自己："明天有什么必须要完成的？"如果某天没有这样的任务，你便会想："那我可以休息了。"这导致你用来学习的时间并没有想象中那么多。

第三，如果你总是根据截止日期（比如考试时间）来安排学习，离开学校后便很难打破这种惯性，你依然会把截止日期当成动力。假如为了长期的职业发展，你想要学习编程，却习惯于只在考试前学习，就很难在缺乏紧迫感的情况下合理安排时间。

最好根据时间而不是根据任务制订计划。也就是说，你应该每天用固定的时间来学习。作业的截止日期可能不是明天或后天，但晚些时候总会有一个截止日期。

这段时间是固定不变的。不要安排约会，也不要因为更重要的事改变计划。把它当成你必须要完成的任务。因此，你要将它安排在自己能坚持下来的时段。

根据时间制订计划有明显的优势：

• 将内容分散在多天学习，你会记得更牢固。这是因为睡眠和间隔效应起到了作用（方法 39）。如果将同样的学习时间分散到几天，你会学到更多知识。

• 假如相比你的预想，这份作业需要花费更长时间，或者发生了某些意外——比如你的室友回家几天，把你锁在了门外面，这种规划方式能让你不至于太慌张。如果你总是把作业留到截止日前的晚上，就无法腾出更多时间，也无法应对意外。如果还有几天时间，你可以根据情况进行调整。

如果你已经完成了必须做完的事情，就可以提前做一些不太紧急的事情，这样可以避免之后出现规划谬误。因此，你每天都要有足够的时间学习。有时候，你要根据需求随时调整。假如你在日程表上看到两天后有一场数学测验，你今天没有准备它，但固定的学习时间已经用完了，要怎么办呢？

即使学习时间用完，你也依然需要复习考试。你应该将今天的学习时长增加 15 或 30 分钟，或许这还不够。提前完成任务不会让你后悔，因为这样才可以应对规划谬误。命运总会开玩笑，或是让你的电脑死机，或是制造一些意外的麻烦，因此提前完成很有必要。

那么，如果你已经养成了每天在固定时段学习的习惯，如何决定要学习什么呢？

一句话总结：不要根据任务制订计划，养成每天固定学习几小时的习惯。

方法 63：
使用日程表

我刚刚说过，要根据时间制订计划，而不是根据任务制订计划，每天要在固定的时间学习。于是当你在晚上 7 点 30 分坐在桌子前，打算学习两个小时的时候，便会问自己：“我今天应该学什么呢？”

想要回答这个问题，你需要知道自己有哪些任务要完成（也有些任务是你给自己定下的），应该在什么时候完成。你要把这些信息整理到一起，这样便能看到所有的任务：阅读、整理笔记，准备考试等。如果有很多事情，就更应该这样做。

如果上网搜寻如何制订计划，你会找到一些指南，它们是由非常喜欢制订计划的人写出来的。他们的视频会教你怎样用不同颜色的记号笔标记不同的活动，怎样用箭头和边框突出重点，怎样给大写字母添加阴影，还会建议你使用各种清单（每日清单、每周清单、礼物清单、购物清单、月度计划、生日愿望、读书笔记、参考资料等）。如果你喜欢制订计划，会觉得这些内容很有趣。

我父亲就是这样的人，所以我知道制订计划的好处。然而这不适合我。我更喜欢无序和混乱的状态。读博士之前，我总是把信息写在手上，也常常为弄错时间道歉或找借口。

博士期间的学习节奏很快，我不得不变得更有条理。我发现相比记住所有事情，使用简单的日程表效率更高。我为此而开心，又试着把它变得复杂一些，但收效不大，于是又用回了最基础的日程表。

使用日程表必须要遵循两个原则。这两点是必做的，但如果做到了，你基本就不需要注意别的事情。

原则 1：随时携带日程表。你不知道自己什么时候需要安排新的事项，比如作业、社交活动、接机等，所以要一直带着它。由于习惯了带手机，你可以把日程表写在手机中。有些人喜欢纸质日程表，因为字更大，或者他们偏爱纸的质感。有些学生上课时无法携带电子设备，手机日程表就没有那么方便。形式并不重要，重要的是养成携带的习惯。如果你喜欢纸质日程表，但又总是忘带，就把它放在门口（方法 6）。

原则 2：一旦有新的日程，立刻写下来。不要相信自己能记住，要在第一时间将它记录在日程表上。如果你总是忘记这件事，就在每节课结束后的两分钟设置一个闹钟。它会提醒你回想这节课有没有布置新的作业，这样至少可以解决作业的问题。

你可以只使用一份日程表（不必添加每周日程或每月日程），但要为需要准备一天以上的事项设置对时间节点的提醒。也就是说，如果老师宣布 9 月 28 日有数学考试，你不仅要把它列入当天的日程，还要在 9 月 23 日提醒自己“数学考试还有 5 天”，在 9 月 25 日提醒自己“数学考试还有 3 天”。**这些提醒很重要，它们可以避免规划谬误**。

你不能把截止日期写在单独的待办事项中，而是要和作业写在一起，将它们分开没有意义。你坐下来学习时，需要决定先学什么。每项作业的截止日期就是衡量标准，所以何必分开呢?

如果老师在学期初布置了很多作业，你要尽快把它们添加在日程表中。你还要添加阅读材料和重新整理笔记的任务（见第四章），参考校历标记出节假日和重要的校园活动，并规定每天固定的学习时间。

不要忘了将社交活动标记在日程表中。这不仅包含聚会、约见朋友等正式内容，如果你想看一场足球赛，或者你喜欢的歌手发布了新歌，你想要立刻下载去听，都要标记出来。你需要清楚所有的时间安排。

请随身携带日程表，随时记下新的安排。养成这两个习惯，你就会知道自己应该做什么，需要在何时完成。你也基本能够回答本章开头的问题：当你坐下来学习时，要先学什么？但我还会更详细地说明如何根据日程表上的内容规划自己的一天。

一句话总结：如果你还没有使用日程表，请开始使用。你需要进行时间管理，并确定优先学习的内容。

方法 64：为每一门课制订清单

你可能会将自己所有的活动列入每日清单中，并觉得这样做很有效，但我没有尝试过。我说过自己不是一个很有条理的人。我想起应该洗衣服，是因为发现没有袜子穿，而不是因为我把它列入了每日清单。

然而，你应该为每一门课列一份待办清单，写出自己当天需要做什么。每开启一门课的学习任务，都要从列出清单开始。把它当成一种仪式。如果你还没有养成习惯，可以参考下面的步骤。

1. 清单中的第一项内容永远是“列出今天的清单”，这是必须完成的任务。

2. 回顾昨天的清单，将未完成的内容安排到今天。

3. 查看自己的作业，适当地将它们添加到清单中。如果你充分利用了日程表，今天的内容可能还包含一些提醒，比如“距离政治学考试还有一周，范围：七到十一章”。你可以利用这个机会检查几周内的日程，看看自己是否标记了需要完成的任务。

4. 将较大的任务拆分成几个部分（详见第十一章）。

5. 浏览清单，决定完成任务的顺序。

6. 如果在学习过程中发现了新任务，将它加入清单。比如，你在为一次考试准备学习指南，却发现自己忘了整理某节课的笔记，就要把它列入清单中。

这些步骤看似很复杂，但执行起来不会超过十分钟。而且，由于知道了下一步要做什么，你还会节省时间。如果没有清单，每完成一项任务，你都要问自己："接下来呢？" **一次性地决定按照什么顺序做哪些事，要比多次决定更有效率。**

这不是一份"今日完成清单"，而是**按照重要性排序的任务列表**。你不需要完成清单中的所有任务，如果完成了，也不意味着这门课不再需要学习。你应该在日程表中查看下一步要做什么。

使用待办清单可以消除一些学习压力。你在完成一项任务时，不必担心忘记了其他更重要的事情。你已经衡量过近期的全部任务，并选择了最重要的一个。

待办清单还可以帮助你获得动力。有时我完成了一项任务，却感觉自己一无所获，你一定也会遇到这样的情况。你可能会遭遇一些意想不到的小麻烦，要花很多时间来解决。你也可能会发现，本以为已经完成的事还需要完善。也就是说，即使你很努力，也依然会遇到一些挫折，从而导致事情没有进展。待办清单不会让你避免这些情况，但你至少可以在学习之后看一看它，说："虽然我没有取得预期的进展，但这些事情都是必须完成的。"待办清单可以让你看到自己完成了什么，并以这种方式激励你。因此，每当学习完一门课的内容，你都要查看清单。你可以将它当作一种仪式，并为自己取得的成果感到自豪。

待办清单也可以让你不再拖延。想要达到这个目的，你需要用特定的方式写下清单，我会在第十一章提到这一点。

一句话总结：为每一门课创建一份待办清单——它可以使你更加专注，帮助你挑选出最重要的内容，并让你看到自己取得的成果。

方法65：
制订学习目标并时常回顾

本书的大部分内容更关注如何在几周内高效学习，但制订计划这部分关注的是如何选择长期的学习目标。有些学生忽视了这种选择，没有意识到随着年龄的增长，他们应该对自己的教育负更多的责任。

如果缺少思考和规划，你会错过很多重要的机会。一个高中生不喜欢数学，当他达到基本毕业要求后，便不再修这类课程。但他在选择大学时对设计类的学院很感兴趣，却发现它们要求学生具有较强的数学背景。

因此，**要列出自己的长期目标。**十年后你想从事什么工作？如果你还不确定，便不需要知道具体的答案，只需要宽泛地思考：是商业类、机械类还是艺术类？你感兴趣的领域能为你带来理想的家庭生活吗？你可以在任何地方从事自己喜欢的职业，还是要去特定的地方？

除了目标，**你还要列出需要为此而学习什么。**你可以倒推：

我想要实现这个目标，因此需要做这件事，为此需要做这个准备，那我首先应该这样做，等等。**写下一两个能够帮助你实现目标的特定步骤**，比如与专家交谈，阅读相关的书籍，修一门在线课程。

我并不是建议你制订一个死板的人生计划。我认为温斯顿·丘吉尔说得很对：**“计划并不重要，但制订计划很必要。”**他的意思是，随着情况的改变你的计划也会改变，但制订计划依然能够让你受益，因为你思考了自己的目标、能力和现有资源。

你需要制订计划，但也要灵活地调整计划。这个建议不仅适用于你的目标，也适用于实现目标的步骤。一些大学生在制订计划后只会死板地执行，即使没有成效也不肯放弃，他们往往会遭遇学业上的困境。比如，某个学生选了太多课，最后挂了一门，于是他想：“我的学习落后了。”为了赶上来，下个学期他修了更多学分，还想着：“我一定能坚持。我会更加努力！”至于结果怎样，你应该能够想到。

除了灵活地调整计划，你还要有一定的怀疑精神。网络上的信息很丰富，但你要知道它们并不完全可信。如果搜索“怎样成为软件工程师”，或者职业棒球运动员、心理学老师等，你找到的内容很可能并不是由专业人士撰写的，那些人只是想要赚钱。**你要和真正从事这些职业的人聊天，为网上找到的信息提供补充。**联系某个不认识的人时，有些学生会感到尴尬，但其实不必。人们一般很喜欢谈论自己的事，也很愿意提供帮助。但他们可能很忙，无法接受所有的请求。你或许会遭遇一些拒绝，然后才遇到愿意帮忙的人，但这并不是因为你的要求很过分或很奇怪。

每隔六个月左右，回顾自己的目标。你还希望实现它吗？六个月前，为了实现这一目标，你制订了哪些步骤？完成得怎么样？你应该重新考虑自己的道路，还是收集信息，思考下一步要做什么？研究显示，**那些关注自己进展的人更容易实现目标**。因此，你需要写下实现目标的具体步骤，这样才能看到自己是否在为它而努力。

时间总比我们想象中过得更快，为自己的学习和职业制订长期规划能让你更加充分地利用时间。

一句话总结：制订与未来职业相关的长期目标，每半年回顾一次，看看自己取得了哪些进展，是否需要调整计划。

方法 66：制订目标时要考虑一些潜在因素

如何制订长期的职业目标？你需要考虑三个因素：（1）你会有哪些长期收获；（2）你的能力；（3）市场情况。这三点显然都很重要。比如你觉得音乐家这个职业很好，也有相应的能力（假设你的水平处于前 5%），但职业音乐家的市场很小，因此你需要慎重考虑。

最老套的建议是“追随自己的热情”，也就是说主要考虑你会有哪些收获。提出这种建议的人也会顾及市场，他们会让你把热情投入有很多职位需求的行业。假如你喜欢音乐，或许应该考虑成为活动策划师或音乐治疗师。

提出这个建议的人也会承认这三个因素很难平衡，但这并不是唯一的挑战，还有一些事情也会影响你的计划。我们需要找出这些问题，并思考如何解决。

第一，“追随自己的热情”并不可靠，**“追随自己的价值”会更好**。研究显示，认为自己所从事的工作有价值的人最幸福，这意味着他们认为自己的工作对他人有益。热情或许会带来成就感，当你对一件事充满热情时，你可能更容易认可自己工作的价值。但不要因为一件事对你很重要，就认为它对于其他人也很重要，你最需要考虑的是这份工作的价值是什么。

另外，只在意热情会让你忽略自己的缺点，但意识到缺点很重要。你会以为自己花很多时间做什么，就是热爱什么，并希望通过这种方式实现自身的价值。你很健谈，便想找一份需要说话的工作，比如当老师。你总是被人注意到，便想找一份向很多人销售商品的工作。你总是看到事情不好的一面，便想要从事风险评估。这样的想法没有考虑自身的缺点，而有时缺点对我们的影响更深，你在制订目标时也要思考自己的缺点。

第二，你在思考目标时忽略了自己所处的环境。你的目标属于你自己，但也会受到其他人的影响。你往往会和自己的同事或同学交朋友，并从他们身上学到新的东西，寻找新的资源。也就是说，**即使周围的人不知道你的目标，也可能会对它造成积极或**

消极的影响。

比如，90年代初我在威廉姆斯学院教书，那里的大部分学生都经常跑步。很多学生说，他们在高中并不跑步，但是来到这里后看到每个人都跑，便也养成了这个习惯。群体压力确实是一部分原因，但是在威廉姆斯学院跑步确实更方便。你很容易找到同伴，了解哪些路线和设备比较好，还能加入跑步协会。

选择自己所处的环境——比如考虑读哪一所大学、找什么样的工作时，你应当慎重。这里的人和你拥有同样的目标吗？这个组织支持你的目标吗？最重要的是，这只是他们的说法，还是有确凿的证据？比如，很多公司声称它们支持个人发展，鼓励员工学习新技能，寻找新机会。但在过去的几年中，你所在的部门里真的有人一直在学习、成长吗？有没有与之相匹配的制度，比如公司会支付相关课程的学费，提供用于职业发展的假期吗？

第三，人们总是低估情绪对目标的干扰。即使你认为热情更重要，也依然要让自己的目标符合实际。假如你的生意是向收藏家出售邮票，你不能因为对集邮很有热情，就认为自己一定能赚到钱。

解决这类问题有一个简单而有效的方法。我们向别人提出建议时，头脑总会更清醒。比如，你的朋友向你倾诉他的担忧和困惑，你却认为事情很简单：他不该和他的未婚妻结婚，因为她已经背叛他三次了。你可以客观地看待这个问题，是因为没有掺杂感情——你又不爱那个女孩。

如果不想让情绪左右目标，**你应该假扮成另一个人，并向你**

自己提出建议。用第三人称描述自己当前的情况："丹，你想当高中物理老师，所以想要从工程学院转到教育学院。先说说你为申请教育学院做了哪些准备，再分析这个选择好不好。有了教育学学位后，你的工作前景会变得怎么样。最后，我们来讨论这个专业目前的优点和缺点。"

制订目标是一件复杂的事，会受到很多潜在因素的影响。由于它很重要，你需要在这个过程中尽量谨慎。

一句话总结：考虑长期目标时，你要确保它很有价值，还要考虑环境的影响，也要避免感情用事。

方法 67：
完善你的计划

我在前面已经说过，你需要确定具体的目标，并列出实现目标的前几个步骤。那么如何才能真正地执行这些步骤呢？有些目标很难实现，是因为它们看起来就像是附加任务，如果能完成固然很好，即使没有完成也不需要为此负责。你会在潜意识里觉得不去完成一件事情，就不会产生任何糟糕的结果。

研究者发现了一些能够帮助人们执行计划的方法。

首先，**要让计划更具体**。不要说："接下来的六个月，我要和古董店老板们聊一聊。”你应该为这项任务制订更详细的时间表，比如下个月你要完成一次谈话，并让第一个采访对象向你推荐第二个采访对象。如果我想成为地产经纪人，便会计划下个月和一位已经入行的熟人共进午餐。再下个月，我会学习三门相关的在线课程。

其次，**要有备用计划**。如果找不到愿意交流的古董店老板，我便会联系我的姑姑，她在镇里的商界很活跃，或许能帮上忙。如果那个地产行业的熟人没有太大帮助，我会尽量从他那里获取信息，同时也问问他有没有同事愿意和我聊 15 分钟。

这些备用计划主要针对外部的阻碍。更重要的是，你需要思考哪些内部阻碍会影响计划，并**想出相应的备用方案**。比如，你能联系上地产行业的熟人并邀请他共进午餐，却不知道怎样将话题引到自己感兴趣的方向，那么你也应该提前准备。研究表明，**以“如果—那么”的形式制订计划很有效**。你可以这样想：“服务员来点菜时会打断我们的对话。如果当时我还没有切入正题，那么就要在服务员离开后切入。”

制订计划和备用计划时，为什么确定具体的步骤会更有效呢？因为我们的记忆能力很强，但解决问题的能力相对较弱。确定目标时，你的头脑清晰，精力充沛，能够想出相应的步骤。后来再想起这个目标，你可能会感到疲惫或缺乏动力，因此解决问题的能力也会下降。但记忆不会受到情绪或精力的影响。如果提前制订过计划，你便会想起自己应该怎样做。遇到阻碍时，你会更加明显地意识到自己记忆的能力强于解决问题的能力。如果你正在和地产行业的熟人共进午餐，却难以切入正题，你可能会因为太紧张而想不出新的计划。但即使在紧张的状态下，你也依然能够想起之前的计划。

一句话总结：规划具体的步骤能让你更好地实现自己的目标，一些（内部或外部的）阻碍会影响计划的执行，因此要制订备用计划。

写给老师

大部分老师都会鼓励学生使用计划表。但他们很少会问学生："你认为完成这些作业要花多少时间？"如果你没有让学生思考过这个问题，可以问一问他们，并用你自己的思考过程作为参考。

学生需要整理不同课程的作业，确定哪一项更加优先，并列出待办清单，这项任务很重要。他们需要协调各门课程，你可以在自习或家访时为高中生提供这方面的训练和指导。

你可能不会在课堂上谈论长期目标，但会和学生进行相关的单独谈话。学生面临选择时，往往需要这样的交谈。比如，一个社区大学的学生不确定要不要继续读四年制大学，一个在有机化学课上得了 B 的大二学生不确定要不要放弃医学院。

如果学生的目标符合他的成绩和前景，你们的谈话便会很轻松、很愉快。你只需要为他加油，并提供一些建议。如果学生的目标不太现实，你们的谈话便会很尴尬。你既想发表真实的评价，又想对他表示支持。在打击他的梦想之前，你能确定他一定无法实现吗？你要说些什么？

面对这种两难选择，我一般不会发表评价。我会强调他们已经做了什么，还需要做什么。我会说："进入医学院的学生会做这三件事，你完成了第一件，基本完成了第二件，但还没有完成第三件。"然后我们会讨论怎样做到第三件事，如果他无法做到，怎样才能绕过这个要求。假如现在是最后一个学期，他无法再弥补自己的成绩，但几年的实验室助理经历可能是加分项，你就不应该强调他的成绩不高，而是应该帮他向实验室负责人争取一份推荐信。

给老师的总结

- 帮助学生养成及时更新日程表的习惯。
- 大部分学生在确定任务优先级和预估任务时间时需要老师的指导。
- 讨论学生的长期目标时，不要评判他们的天赋或能力，要关注他们已经做了什么，还需要做什么。

第十一章

如何战胜拖延

拖延是一种很难避免的行为，但它背后的心理活动并不复杂。我们会舍弃一些不愉快的事情（比如做一套数学题），去做一些愉快的事情（比如玩电子游戏），从而让自己感觉好一些。毫不意外，你越讨厌自己要完成的任务，或者越喜欢可以替代它的事，就越容易拖延。

但拖延会让问题越来越严重。我们觉得未来的快乐和痛苦并不像现在这样强烈，因此选择了拖延。假如医生告诉你要留意自己的糖摄入量，而我问你："下周要不要吃一块奶油蛋糕当作甜点？"你很容易回答："不，我要控制糖摄入量。"奶油蛋糕的快乐不会吸引你，因为它发生在整整一周之后。但如果我现在拿来奶油蛋糕，你便很难拒绝。同样，如果令你恐惧的东西发生在遥远的未来，你便不会觉得它很可怕。即使你很害怕看牙医，如果将检查定在六个月后，你也不会太担心。但如果接待员说："有人取消了预约……你方便立刻过来吗？"你大概会拒绝。

由于情绪产生的效果会随着时间而改变，你自然会选择先玩一会儿电子游戏再完成数学题，而不是先做数学题再玩游戏。现在玩电子游戏会让你很快乐，但随后再玩就没有那么快乐了，这和奶油蛋糕的问题是一样的。做数学题也是同样的道理，现在做数学题会让你很郁闷，但随后再做就没有那么郁闷。

避免拖延还需要**控制冲动**。冲动是大脑一时的想法，它能够满足即时的愿望，从长远看却会带来糟糕的后果。如果你在甜品车上看到“死亡巧克力（两人份）”，便很想点一份。如果有人挡住了你的车，你便很想把他们赶走。人们控制冲动的能力各不相同，这一点与是否拖延有很大的关系。

为了减少拖延，我们应该：（1）**让需要完成的任务变得更愉快**；（2）**尽量不要冲动行事**。

想要避免拖延时
你的大脑会这样做：它认为你要完成的任务现在很讨厌，但未来不会这么讨厌，而某项娱乐活动现在很有趣，但未来不会这么有趣。于是你放下了手中的任务，选择了娱乐。
如何激发大脑的潜能：让任务变得不是那么讨厌，让娱乐变得不是那么有趣。一切都在于你的想法。

在这一章，**你的终极目标是将学习变成一种习惯，从而战胜拖延**。如果你完成每天的学习任务就像睡前刷牙一样自然，便无需再拖延了。你不会放弃学习去娱乐，而是变得很自觉，根本不需要做出这种选择。坚持不拖延并养成学习的习惯很困难。本章将会提供一些方法。

方法 68：
战胜拖延要靠习惯，而不是意志力

早晨起床时，你不会考虑用什么方法煮咖啡效率更高，也不会尝试用非惯用手刷牙。一天中的很多甚至大部分时间里，你都开启了自动模式，按照自己习惯的方式去做事。

这并不是因为懒惰。如果尝试某些新东西，比如煮咖啡时用生菜叶代替咖啡滤纸，有时也许会成功，但更多时候会失败。按照习惯做事固然缺乏创意，但如果过去的结果很正常，你可以预期这次也能得到正常的结果。

更重要的是，如果真的养成了习惯，我们既不需要刻意想着这件事，也不需要思考怎么做。你早上走进厨房，不必考虑“我要煮咖啡吗”，而是自然地把它煮好了。由于没有经过选择，你当然不会在这类事情上拖延。

我曾建议你每天用固定的时间来学习（方法 62），最好形成一种习惯，就像在睡前刷牙一样。**一旦形成了这个习惯，你便不需要做出选择，也就没有机会拖延。**

怎样将行为变成习惯呢？你可能猜到需要不断地重复。如果在重复时注意以下几个要点，你会更快养成习惯。

首先，**按照顺序做事更容易形成习惯**。习惯和记忆都有一定的线索。某些环境（或心理活动）会提示你："该做这件事了。"你洗澡时有一定的顺序：先冲洗身体，再洗发护发，最后刮脸，等等。完成一个动作后，你便知道该做下一个。你得到的提示不是"现在是上午 6 点 30 分"，**时间无法作为提示**，因为你不会一直关注它。相比之下，完成一个动作更加明显，你很难忽略自己刚刚洗了头发这一举动。

想要养成学习的习惯，你需要找到一件能够提示自己去学习的事。如果你是高中生，提示可以是"晚饭后我已经打扫过厨房"或"我已经吃完了零食"。你要确定这件事每天都会做。如果你和兄弟姐妹轮流刷碗，这就不是一个好的提示。

其次，选择合适的前后事件有助于快速形成习惯。确定学习时间时，你需要**挑选自己最能坚持下来的时段**。如果你总是在放学后社交，就不要在那个时间学习。但你可以在"周六锻炼之后"学习，即使锻炼的时间并不固定。正如无论几点起床，你总会冲进浴室洗澡一样，无论什么时候结束锻炼，只要提示始终存在，你便会记得要开始学习了。

养成一个习惯要花多久？在一项实验中，研究者让被试者自己选择一个关于健康饮食、减少饮酒或坚持锻炼的习惯。形成新习惯的平均时间是 66 天，但个体差异很大，最短是 18 天，最长是 254 天。这与你要养成的具体习惯、你的性格和两者之间的契合度有关。

如果你是大学生，可以将学习想象成朝九晚五的工作（也可以是朝十晚六，或者其他适合你的时间）。将周一到周五的40小时看作不可更改的学习时间，在这段时间内，你不应该洗衣服或社交，而是应该上课或自习。

招收博士时，相比直接从大学考进来的学生，我和我的同事更喜欢有工作经历的学生，因为他们习惯了朝九晚五的工作时间。即使某一天不想学习，他们也依然会遵循这一习惯。

养成学习的习惯是一件好事，但在这之前的66天（或者无论多少天），你依然要依靠意志力。但意志力并不总是可靠的，它会根据情绪、身体状况和环境而波动。接下来，我们会讨论为了养成习惯，你应该用哪些方式坚持学习。

一句话总结：养成习惯后，你便无需选择是否应该学习，这是战胜拖延的最佳方式。

方法69：
让你的待办事项更具体，每项持续20到60分钟

想要吃掉一只大象，一次只咬一口。——无名氏

千里之行，始于足下。——中国谚语

每天进步一点。——匿名戒酒会标语

这几句话都表达了同样的意思：宏大的目标令人望而生畏，因此我们根本不会尝试。你要制订一些小目标：不要想着吃掉一只大象，每次只咬一口即可；不要想着一辈子都不再喝酒，保证今天不喝就好。

这个方法很有效，因为你在做出选择时，不仅会考虑你有多么喜欢（或讨厌）眼前的事物，还会考虑得到它的概率。比如，你给了我两个选择，一块巧克力或 10 万美元，我当然会选择后者。但假如你说，如果我选择巧克力，你就一定会给我一块，如果我选择 10 万美元，我得到它的概率是 0.000036%，那么我的选择就会改变。如果换成日常的场景，你给我一美元，让我去买一块巧克力或一张彩票。我很想中奖，但如果真的买了彩票，又不大可能中奖，所以我宁可去买巧克力，因为一定可以得到它。

如果我们认为自己做不到某件事情，就更有可能拖延。假如老师让你阅读《荒凉山庄》，除了平时那些拖延的理由，你还发现这本书有 900 多页。你认为自己读不完这么厚的书，所以翻开它的感觉就像是去买彩票，你会想："读完这本书很有成就感，但我肯定做不到。那么为什么还要读呢？"

我引用的几句话都提出了同样的建议：将大目标拆分成可以实现的小目标。安妮·拉莫特有一本关于写作的经典著作，名为《关于写作：一只鸟接着一只鸟》。这个题目的灵感来源于一次繁重的作业。她解释道：

> 30年前，我的哥哥只有10岁。他要写一份关于鸟的报告，这个作业有3个月的时间，但明天就要截止了……他坐在厨房桌子边，周围满是活页纸、铅笔、没打开过的书。由于作业太繁重，他快要哭了。我的父亲来到他身边，将手搭在他的肩膀上，说："别着急，一只鸟一只鸟地写。"

在方法 64 中，我建议你为每一门科目列一份待办清单。**清单中的每一项都可以在 20 到 60 分钟内完成**。当然，很多作业要花费更长的时间。当你想要拆分它们时，往往不知道如何下手。**如果你不知道怎么拆分，便把这件事也列在清单中**。它也是一项任务，需要花费一点时间，你可以写："为经济学课程项目制订计划。"

那么，现在我来帮助你拆分任务。你应当遵循这三个原则。

有些任务最好拆分成不同的**步骤**，而每个步骤的内容由上一步骤的结果决定。比如，一份项目报告有四个步骤：研究，列出大纲，写作，修订。再比如，我在第六章建议你用这几个步骤准备考试：创建学习指南，记住学习指南中的内容，与学习小组的同学互相检验，超量学习（也就是在记住知识后再学一段时间）。（实际上，这里的每个步骤任务都很繁重，你还需要进一步拆分。）

还有一些任务没有步骤，但可以拆分成不同的**种类**。安妮·拉莫特的父亲就提出了这样的建议。在"创建学习指南"的步骤中，你也可以应用这个原则：先写下第一节课的指南，然后是第二节课、第三节课，当然也可以打乱顺序。

也有一些任务可以拆分成不同的**部分**。这些任务确实很繁重，但拆分之后，就会变得相对容易。在撰写项目报告时，你可以把它分成几个部分。你也可以把作业中的15个问题分为3组，每组有5个问题。

无论将任务拆分成步骤、种类还是部分，你都要保证它们很具体。完成任务时，你不需要再思考自己应该做什么。不要写“复习关于政府制度的考试”。这里的“复习”指的是什么，重读教材，阅读笔记，还是列出知识框架？

当然，拆分后的任务不仅要具体，还要相对简短。我说过，每项任务的持续时间最好在20到60分钟之间，但这个数字不是固定的，也没有科学依据。只需要记住：为了鼓励自己学习，你应该把任务变得更加简单、轻松。每次只做一点。

一句话总结：让待办清单中的任务变得简单可行，每项持续20到60分钟，这样可以减少拖延。

方法 70：
换一种方式描述自己的任务

如果换一种方式描述自己的任务，你会发觉学习更加有趣。我们会用经济学中机会成本的概念来解释为什么这种方法很有效。也就是说，你要强调放弃潜在收益是很可惜的。

首先来解释一下机会成本。假设在你 17 岁时，一位有钱的姑妈给了你 10 万美元，没有任何附加条件。你可以把钱存起来，并在高中毕业后立刻找一份工作。你也可以将这笔钱作为一种投资，用它来读大学。有了大学学位，你会找到薪水更高的工作。

学费当然是一种成本，但上大学还包含了机会成本。你无法通过理财让这笔钱增值，也失去了四年的工作经验。在这四年里，你本可以得到一些收入，或许还有退休福利、良好的名誉、晋升的机会等。

那么，这些和拖延有什么关系呢？

假如你是一个大学生，现在是周四晚上，你的室友邀请你去看电影。但你正在写化学作业，截止时间是下周一。这个问题和选择玩电子游戏还是做数学题的问题有些相似：应该先玩要再学习，还是先学习再玩要。但选择看电影存在你没有意识到的机会成本：如果去看电影，你就不会获得完成作业的成就感。

当你想要拖延时，**换一种方式描述自己的任务，多强调机会成本**。不要问自己：“我应该去看电影还是做化学作业？”要问自己：“我应该把化学作业做完，还是丢开它，然后失去完成作业的成就感呢？”

你还可以用另一种方法描述自己的任务。心理学家亚历山德拉·弗洛伊德指出，拖延只有两种原因，一是你不喜欢这个过程，二是你不喜欢这个目标。比如，一个学生在创建学习指南时总是拖延，并不是因为他讨厌创建学习指南（过程），而是因为他对考试（目标）感到焦虑。遇到与考试有关的事，他便会拖延。还有一个学生不喜欢分析数据，但是很喜欢设计展示数据成果的幻灯片，他在分析数据时可能会拖延。

如果你不喜欢某项任务的过程或目标，并因此拖延，就**试着去关注其他的部分**。第一个学生可以暗示自己：“我不是在准备考试，我只需要总结自己学习的内容。”第二个学生可以暗示自己：“这不只是数学运算，我正在准备课堂展示。”重新描述任务，强调自己喜欢的部分（或者至少不讨厌的部分）可以让你减少拖延。

一句话总结：换一种方式描述任务的结果、过程或目标会让它变得更有趣。

方法 71：
开始做一件事后，你会发现情况没有那么糟糕

如果你偶然听见别人说你可爱，就会很开心，如果你听见别

人说你没有幽默感，就会很难过。但人们并不总是很擅长预测自己的情绪。我们知道自己处于哪一种情绪中（正面还是负面），却往往以为所有的情绪都很强烈，而且会持续很久。

人们常常在运动这件事上拖延，心理学家认为这与对情绪的错误判断有关。他们发现，人们不愿意运动是因为他们觉得自己会很痛苦，但其实运动并没有那么痛苦。

脑力劳动也是如此。**只要开始做一件事，你就会发现情况并没有想象中那么糟糕**。想要说服自己“开始做”，你可以这样说：“我只做五分钟。如果真的很厌烦，我就停下来。”

我妹妹想要养成每天跑步的习惯，便想出了一个简单的方法：只要穿上运动服，并跑到车道尽头，就算是“跑步”。随后她可以放弃，并告诉自己：“我今天跑过了。”她总是想着：“我今天不想跑步，跑到车道尽头我就回来。”但是百分之九十五的时候她都继续跑了下去，并觉得跑步也没有那么糟糕。

如果你不愿意坐下来学习，就告诉自己：**“我只需要写出今天的待办清单。在这之后如果我想休息，就可以休息。”**一旦列出清单，你会发现其中有一两件事并不是很困难，然后你便会着手去完成它们。

然而，为了达到更好的效果，写完待办清单之后，你应该真的允许自己去休息。只有知道自己很快就可以放松，你才会觉得开始学习没有那么可怕。如果你清楚这只是一个谎言，而且在休息时会感到愧疚，这个方法就不会生效。

一句话总结：如果你允许自己只学习很短一段时间就可以休息，便会觉得开始学习没有那么可怕。

方法 72：
告诉别人你要做什么

人类是典型的社会动物，我们会和别人一起做很多事。即使独自做某件事，我们也会在意别人的看法：我能让某个重要的人为我骄傲吗？我惹他生气了吗？我让他开心了吗？

如果你经常拖延，并为此而沮丧，可以借助自己的社交来改善这一点。你可以对朋友们说："我不打算再拖延了，我要更加努力学习。"如果朋友知道了你的计划，他们能够提供两方面的帮助：他们会让你更有责任感，同时还会提供一些支持。

羞耻感可以让你产生责任感。如果你对别人说："我不想再拖延了！"但不到一周就打破了承诺，便会感到羞耻。用羞耻感来激励自己并不可耻，如果你想要这样做，可以利用承诺合约（stickK）、21 个习惯（21habit,）、比明德（Beeminder）等网站，也可以自行搜索最新的监督网站。

大多数网站模式都很相似：你承诺自己要做一件事，比如"每个工作日晚上 7 点到 10 点学习"。每天登录网站，记录自己是否履行了承诺。（有些网站会要求你找一个人监督自己。）如果没有履行承诺，你就要把信用卡里的一部分钱捐给某个非营利组织。你还可以让后果更加糟糕，比如这笔钱会捐给一个与你政治观点不符的团体。为了让你更有动力，很多网站还会通过你的社交账号发布失败事迹。

加入学习小组（方法 23）也可以强化你的责任感。当大家聚在一起讨论课堂笔记或即将到来的考试时，每个人都要有所准备。这份责任能帮助你避免拖延。

朋友不仅能让你更有责任感，还能提供一些支持。在不同的情况下，我们需要不同的支持。心理学家将支持分为以下四种：

情感支持：表达同情和关心。比如，你想要避免拖延却又做不到，为此很沮丧。朋友可以耐心地听你倾诉烦恼，并鼓励你不要放弃。

信息支持：提供建议或信息。比如，朋友会告诉你他是用哪些方法战胜拖延的，或者帮你找一个监督网站。

行动支持：付诸行动，提供直接支持。比如你想要学习，但有人邀请你参加聚会，朋友会帮助你拒绝他。为了确保你在考试前的下午好好复习，朋友会检查你的学习成果。

评价支持：做出评价，帮助别人正确地评估自己。如果你想避免拖延，但没有取得成效，朋友可以客观地帮你分析原因。他还会提醒你，你的决心在其他方面很有效，这会让你在战胜拖延这件事上更有信心。

读到其中一些内容时，你可能会想："我不需要朋友这样做。"但总有一两条是你希望朋友做到的。意识到这一点，你便会知道自己应该向谁寻求支持。当然，你不该和一个非常拖延的人谈论如何避免拖延。排除掉那些人后，你可以**想想自己最需要哪种类型的支持，哪个朋友最有可能提供这种支持**。

不要以为你的朋友知道应该如何帮助你，你可能需要告诉他们。借助上面的列表，你便能更加清晰地描述出自己需要哪种支持，希望他们做什么具体的事。

有些人觉得求助很难。要记住，当别人向你求助时，你并不会瞧不起他们。大部分人很愿意帮助自己的朋友，并为此感到开心。不要让别人失去这样的机会。

一句话总结：想要避免拖延，朋友可以为你提供情感和行动上的支持。但他们需要知道你在为此努力，以及你需要哪种类型的帮助。

方法 73：
判断你的拖延是不是自我设限

六年级的手艺课上，我们在学做鸟舍。第一节课之后，我便知道自己不擅长这件事。我不会借助模具切割胶合板，也锯不出直线。于是我便假装不用心——虽然干活的速度很快，却不愿把弯曲的钉子拔出来重钉，其他步骤也做得马马虎虎——但这其实是在给糟糕的工艺找借口。

心理学家将这种行为称作“自我设限”：给自己设下一些限制，你就有了失败的借口。

拖延会让你给自己设限，并否定本来要做的事。你不会说“我不想准备这次考试。如果我准备了却还是不及格，就会显得很蠢”，而是会用其他事情填满时间（洗衣服、社交、别的作业），到了最后才开始复习。于是你便有了借口：“我太忙了，所以没时间复习！”

为什么要这样做？努力做到最好没有意义吗？即使你知道自己不太可能得高分，也可以通过复习提高这个概率。你为自己设限，是因为如果你努力复习过，但还是考了低分，便会为某件事而烦恼。这件事是什么？

答案是，你会觉得自己很蠢。在方法 60 中，我提到过很多人以为智力是天生的，基本无法改变。他们还以为，智力只与遗传有关，与学习完全没有关系。聪明的人并没有努力，他们只是基因很好。如果你需要努力复习考试，就意味着你不怎么聪明。那么，如果一个人努力复习过，考试却依然失利，意味着什么呢？

这些想法都是错误的。确实，智力与基因有一部分关系，但也和学习有关系。智力可以提高，而学习就是提高智力的方式。有人说“你很聪明，就不需要学习”，这句话是错的。还有人说“你考试失利了，就说明你很笨”，这句话也是错的。

我们应该如何看待考试失利？考试和其他艰巨的任务没有区别。如果你参加喜剧俱乐部的首演，但没有充分准备，自然不会逗笑很多人。假如你努力准备过，却依然没有逗笑多少人，这能说明你没有幽默感吗？这只能说明喜剧表演很难，你应该认真准备，并意识到成功是一个漫长的过程，对吧？

你要意识到学习也是一件困难的事。通过阅读这本书，你会发现高效学习包含了很多内容。要对自己有耐心。只要坚持下去，你一定会看到成效。

一句话总结：拖延有时是一种自我设限，你是在借此为糟糕的考试或作业找借口。

方法 74：
把诱惑变成奖励

这个策略只能作为最后的手段：在需要完成的任务和吸引你的娱乐活动之间做出折中的选择。你可以告诉自己，只要学习一会儿，便可以去玩一会儿，以此作为学习的奖励。

如果诱惑你的事情有一定的时效性，这个方法便会很有效。更确切地说，你可能担心自己错过什么。我想要讨论的不只是担心，而是错过某些事物时的普遍心理。

或许在几小时前，你最喜欢的电子游戏更新了“万圣节活动”。或许你最爱的球队正在比赛，电视上有直播。不管这项诱惑是什么，此时你面临的困扰既不是厌烦需要完成的任务，也不是觉得这项娱乐活动非常有趣，而是如果选择了学习，就会错过一些以后不再会有的事。那么你应该怎么做?

首先，说说你本应该做到什么。时效性的活动往往遵循一定的计划，你也会提前知道它们。根据方法 63，你的日程表中不仅要包含学习任务，也要包含社交或娱乐活动。如果你在 10 月 16 日得知 10 月 30 日游戏里会有万圣节活动，就应该提前空出一些时间。**为娱乐活动专门留出时间能够避免拖延**。

如果你没有留出时间，现在又有几个小时的学习任务要完成，该怎么办呢?要是你可以将娱乐活动拆成几个部分，就**把它当作学习的阶段性奖励**。比如，每学习半小时，就奖励自己 5 分钟的游戏时间。但你需要区分两种情况，第一种是你真的很想从事某项娱乐活动，因为它只出现在这个时段。第二种是只要一学习，你便无法集中精力，只想玩游戏或查看社交媒体。阶段性奖励的方法只针对第一种情况，我会在下一章解决第二种情况中的问题。且它只能作为最后的手段，因为你可能无法控制自己，让“休息”无限延长。如果某项娱乐活动让你完全不想学习，就试一试这个方法吧。

一句话总结： 如果某项娱乐活动太诱人，让你完全不想学习，试着将它当作完成任务的奖励。

方法 75：
不要一味地追求坚持的时长

想要养成习惯，你应该每天在固定的时间做同一件事。记录下自己坚持的情况，你会为此感到自豪。你只需要**每天在日历上做个标记**。

有时候，你坐在书桌前时会觉得缺乏动力，什么也不想做。这可能只是一种错觉，但也可能是真实的感受。你无法集中精力，一整天状态都很差。

在这种情况下，你依然需要坚持学习，原因有两点：第一，即使你知道自己效率不高，**少学一些也总比什么都不学更好**，你依然会取得进步。第二，坚持能够让你意识到学习的重要性，这一点更加关键。关于自我印象，我会在第十三章详细地讨论，但现在要说的是：如果一个人每天坚持完成某个任务，即使在疲惫、感冒、不想学习时也依然如此，你会怎么想？你当然会认为这项任务对他很重要。

如果你每天坚持学习，便会认为学习对你来说很重要。**如果你每天都遵守承诺认真学习，就会形成一种自我印象，认为自己**

是一个爱学习的人。

你可以为自己的坚持而自豪，但不要一味地追求坚持天数，不要想着：“哇，我已经连续学习了50天，我要坚持到100天，或者一年！”一味追求坚持天数的缺点很明显：一次失败便会让你自暴自弃。比如，某个减肥的人在一场婚礼上吃到了美味的甜品，她会想：“我破坏了纪录。坚持节食这么久，我却吃了高热量的甜品。”于是那天晚上回到家，她便想：“既然减肥已经中断了，我就再吃一个冰激凌吧。”

除了不要一味地追求坚持天数，你还应该在重要的日子给自己放个假。假如你在餐厅给女朋友过生日，却总是看表，想着不要错过自己的学习时间，会让她很生气。这不能体现出你很热爱学习，只能体现出你把坚持的天数看得比女朋友还重要。**坚持学习，但不要一味追求坚持的天数。**

一句话总结：如果每天记录自己的学习情况，你会更有动力，也更容易坚持下去——但不要一味地追求坚持天数，因为纪录总会被破坏，这很正常，但你却会因此感到非常挫败。

写给老师

拖延是一个很普遍的问题。如果你也会拖延，不妨把这件事告诉学生。有些学生认为只有自己自制力很差，你应该让学生知道，每个人都会面临这样的问题，成功者只是更擅长应对拖延。但我们也可以做到。

本章中的一些方法很适合在课堂上示范，你也可以为学生提供帮助。比如，学生可能很熟悉待办清单，却缺乏创建清单的经验。关于如何将复杂的任务拆分成简单的部分，他们或许也需要你来帮忙。

另外，学生也要思考如何安排拆分后的子任务。老师可以提醒得具体一些，不要只是说："记得要写论文，还有两周时间。"而是要让学生知道这个阶段应该完成哪些步骤："不要忘记还有两周就要交论文了。你们现在应该已经选好了主题，并确定了 10 份参考资料中的 5 份。如果没做到这些，也不要担心，但我需要在课后和你们聊一聊。"你不仅可以提供类似的指导，还可以设置一些中期时间节点。

即使面对一些短期任务，学生也会停滞不前，因为他们不知道要从哪里入手。你可以更明确地布置任务，认真想一想这个问题：如果学生不明白某项作业的要求，或者不知道要从哪里入手，他可以做什么？他知道怎样才能获得帮助吗？要让每个学生知道他们可以在哪里寻求帮助。

给老师的总结

- 如果你也有拖延的问题，不妨告诉学生。让他们知道这个问题很正常，并与他们分享你的解决方法。
- 帮助学生确定要优先完成的任务，并将大型任务拆分成几个部分。
- 为大型项目设置中期时间节点。
- 明确地说出作业的要求。如果学生不清楚要从哪里入手，至少让他们知道如何求助。

第十二章

如何保持专注

我在第十一章介绍了拖延的特点以及如何克服拖延。但拖延并不是唯一的问题，你在学习时还需要集中注意力。

举一个关于注意力分散的典型例子。一个学生正在学习，此时，他的手机响了。某位朋友发来一条短信，但内容并不重要。他们平时总是通过社交软件联络，这个学生今天没有发布任何东西，于是朋友便提醒了他。他看到短信后，立刻登录社交软件，查看聊天记录，发布新内容，30 分钟很快就过去了。

心理学家安吉拉·达克沃斯和詹姆斯·格罗斯描述了**导致注意力分散的四个思维过程**。第一，这个学生把手机放在了学习的地方。第二，他一听见手机响就去看短信。第三，他认为短信的内容很重要。第四，查看社交软件。于是他便不再学习，而是去摆弄社交软件。

但这个结果能够在任何一步被阻断。他可以把手机放在另一个地方，这样就不会听到铃声。即使手机在身边，他也可以忽略短信的提示音。即使他查看了短信，也可以认为这条短信不重要。即使他认为短信很重要，也可以暗示自己："虽然这件事很重要，但我还是应该先学习。”

你会注意到，每项改变都要比前一项更难。你很容易让手机静音一小时，但如果你认为在社交软件上发布内容很重要，便很难放下它。本章我会介绍一些避免注意力分散的方法，主要关注最简单的那几种。

在刚刚的例子中，学生主要是因为环境而分散注意力。**但你也可能的因为走神而无法专注**。科学家也会使用“走神”这个词，它指的是你本来应该关注某事，注意力却自然而然地转到了另一件事上。你大概也能想到，以下几种情况更容易走神：（1）学习的时间很长；（2）学习任务很无聊；（3）你觉得任务太简单或太难。

我们尚未得知人们为什么会走神。有些研究者认为，如果人们觉得当前的想法不重要，便会走神。还有些研究者认为，走神是大脑的正常状态，因此我们才需要集中精力。虽然研究者们不清楚走神的原因，却想出了一些有效避免走神的方法。

想要集中精力时
你的大脑会这样做： 它会让你去注意环境中的新鲜事，也会让你走神，去想其他的事情。
如何激发大脑的潜能： 想要集中精力时，改变环境相对简单，避免走神更难。你应该接受这个现实，并尽快让思绪回到当前的任务上。

在不同的环境下，你应该使用不同的方法集中精力。下面我会提到一些方法，并指出每一种应当在什么情况下使用。

方法 76：认真挑选学习地点

“找一个安静的地方学习。”这是老师最常向学生提出的建议，它的理由也很充分。一个地方可能会让你集中注意力，也可能会让你分心。然而，一旦选中某个地点，你便会一直待在那里，即使难以集中注意力，也不会再换地方。并不是每个人都能选择自己学习的地点，如果你能选择，需要注意以下几件事。

一方面，你在确定学习地点时目标很明确：**找一个尽量不会让你分心的地方**。另一方面，不同的环境有不同的干扰因素，它们总会或多或少地产生影响。我的很多同事喜欢在家里工作，因为家中很安静，不会有人突然闯进来。但我总是因为厨房而分心。我会走进去，打开冰箱，随便看一眼，还会想我该修理这个、维护那个了。我有一个朋友说他无法在有床的房间工作，也不能坐太舒适的椅子，这会让“五分钟小睡”延长到一个小时。

你应该知道自己适合在什么地方学习。我读大学时有时会在空教室里学习，而且每晚都会选择不同的教室（方法 49）。这会使我效率很高，因为房间里除了黑板和桌子什么都没有，的确很难分心，但后来我发现自己并不喜欢一个人学习。**如果周围的人也在学习，会更容易集中精力**。人类是群体动物，习惯于和周围的人做同样的事，拥有同样的感受。这种现象被称作“社会传染”：如果周围的人都在笑，都感到恐惧，都在锻炼或学习，你也会有同样的感受，或者想要做同样的事。在图书馆学习时，我的周围都是认真学习的人，我也会受到感染。

除了学习地点，你还要**了解自己适合在什么时间学习**。有些人在别人睡觉时学习效率更高，因为这样可以减少很多干扰。我也曾在四点起床学习过，但这种方法对大多数人来说并不实用。首先，你需要了解自己的睡眠习惯。即使你喜欢早起，也要考虑日程安排的限制。但你若是一个时间比较灵活的大学生，可以在工作日尝试早睡早起，这样能拥有更多不被干扰的时间。

最后，不要对环境过于乐观，以为自己一定可以高效地学习。你可能觉得自己可以一边照顾小孩一边学习（“他会一直睡觉”），一边看朋友的篮球比赛一边学习（“反正他也不怎么上场”），在机场学习，和朋友一起回家过感恩节时坐在副驾的位置学习。你会想：“既然到时候会很无聊，不如做点有用的事。”然而有些无聊的场景并不适合学习。你可以在旅途中带一本书，或许也会读一些，但不要指望自己一定会读。

一句话总结：“找一个安静的地方学习”确实有一定的道理，但你也需要选择合适的学习时间，并确保其他人能够激励你学习，而不是让你分心。

方法 77：
改善学习环境

有时你无法选择学习地点，有时你选择了现有的最佳地点，却还是觉得不够理想，那该怎么办？为了避免分散注意力，你可以做出一些小的改变。

首先说一说如何应对在教室或讲堂中注意力分散的问题。你应该**尽量坐在前排或比较靠前的位置**，这样便不容易因为前面的人而分心：一是因为你前面的人比较少，二是因为坐在前排的学生一般更加认真、专注。另外，你可以更清楚地看到老师的表情，这也有助于集中注意力。

如果你来晚了，只能坐在后排，你前面的人正在用电脑看喜剧《杰茜驾到》，或者正在浏览古董表店，那该怎么办？你很难忽略屏幕上的内容，所以应该**尽量换个座位**。如果不能换座，至少应该转动身体，让自己无法看到屏幕。

假设某个朋友在上课期间一直和你说话，你又不方便走开或者让他保持安静，该怎么办呢？**你可以告诉他这让你听不到老师在讲什么了**。如果他不听，你就说自己要坐到前排去，以便听得更清楚。这样虽然没有直接拒绝他，却会让他不好意思再和你说话。

在图书馆或咖啡厅等公共场所学习时，你也会面临各种不同的干扰。如果那里很吵，你可以**戴上泡沫耳塞**。另外，由于这是公共场所，别人会以为你很愿意聊天。选择一个背对众人的位置。不要总是抬头，也可以把帽子拉低一些，这样人们会觉得你沉浸在自己的世界里，便不会轻易打扰你。**戴上降噪耳机**也能解决这个问题。

但更大的干扰并非来自他人，而是来自电子产品。使用电脑工作时，如果我看到各种网页标签、文档或文件夹，便会想到其他要做的事或有趣的网站。你可以**尝试全屏模式**，这样就只会看到自己正在做的事。

手机的问题更容易解决，因为你可以把它设置成静音。你可能会想：“即使收到消息，我不看就行了。”但这种行为也会带来干扰。**关闭手机要比设置静音更好**，因为你不会总想看看自己有没有收到什么信息。在学习时，你可以要求自己定时查看手机。

如果你希望（或者需要）少看手机，可以下载一个限制使用时间的应用。有些应用会让你自己决定玩手机的时长，然后监督你执行。

如果你觉得这种手段太严苛，可以尝试另外两种方法。第一，你可以在手机上安装监测系统，计算每周在各个应用上耗费了多少时间。第二，你可以关闭社交媒体的自动登录功能。如果每次都需要输入用户名和密码，或许你就不会频繁地查看它们。你也可以关掉一些应用的提醒功能。

这些方法都有两个共同的原则，第一，如果某些东西让你分心，不要让它出现在环境中，或者至少做出一些改变。第二，如果你会主动选择某些干扰因素，可以为它设置一些阻碍。

下一个方法将会进一步探讨第二点——那些主动选择的干扰因素。

一句话总结：如果环境中存在某些干扰因素，让它消失或者变得不明显；如果是你主动选择某些干扰因素，为它设置一些阻碍。

方法 78：
避免主动分散注意力

我有一个在比利时和法国长大的朋友，他认为美国人和欧洲人的学习习惯不同："在法国，你想喝咖啡，就会专心喝咖啡。在美国，你决心要学习，却总会做一些其他的事。你会一边喝咖啡一边学习，一边听音乐一边学习，甚至把脚抬到桌子上，说：'看，我正在休息，但同时也在学习。'"

人们并不擅长同时做两件事。很多时候，甚至大多数情况下，人们自己选择了分散注意力，却没有意识到这一点。**当你同时处理多个任务时，就是在分散自己的注意力。**

假如你正在完成一件任务，比如写论文，便很难同时做另一件事，比如做数学题。在不同任务之间切换时也会消耗一些精力，虽然表现得并不明显，但确实存在。如果某个学生一边写论文，还要一边回复短信，他可能会写不好。这是因为两项任务拥有不同的"思维模式"。比如，你一边写关于"隐形人"的英文作业，一边给朋友发短信，两者使用的是不同风格的语言。在切换时，你需要重新思考，并想着："我现在要用这种风格了。"20世纪90年代以来的大量研究显示，即使你很熟悉自己要做的两件事，或者它们都非常简单，比如开车和说话，你也依然需要经历重新思考的过程。你以为自己可以同时做好两件事，但其实不能。任务切换总会消耗一定的精力。

当然，你也可以这样想："论文写得慢一点也没关系，我就是想一边写，一边给朋友发短信。"这没有问题，但你要知道，你消耗的精力可能会超出想象。实验表明，虽然人们也会意识到同时完成多项任务会消耗更多精力，却往往低估了消耗的程度。

这一点在使用媒体时尤为明显，也就是一边学习，一边听音乐或看视频。面向学生的调查显示，他们认为这种情况不会影响学习，有些人还觉得这样有助于学习。但研究得出的结论完全不同。大部分研究会让学生带着学习时常听的音乐、常看的视频来到实验室，阅读教材中的一章或做几道数学题。在这个过程中，一部分学生能听到音乐或看到视频，另一部分学生无法听到或看到。关于视频的结论很明显：**播放视频时，学习时长和做题的准确率都会受到影响**，即使学生没有留意内容，只把它当成背景音，也依然如此。

然而，关于音乐的结论更加复杂。研究者们尝试了你能想到的各种变化：有歌词的音乐与纯音乐对比，古典音乐与流行音乐对比，等等。它们之间并没有太大差别。音乐有时对学习有益，有时对学习有害，因为它会产生两种互相矛盾的影响：既会让人分散注意力，也会起到激励作用。因此人们在锻炼时会听音乐。

至于效果是正面还是负面，取决于你受到了多少激励、任务的难度，以及其他一些因素。

我们通常会在学习时做一些让心情更愉快的事，比如听音乐、给朋友发短信、查看社交媒体，但它们只会影响你的学习效果，并不会提高效率。**你应该把这些事安排在学习间隙的休息时间。**

在学习时使用媒体的底线是：不要播放视频，哪怕作为背景音，它也会影响学习。有时你可以听音乐，但要谨慎地做出判断。我在本书中一直强调，人们并不擅长评估自己学习的过程或效果，因此你的感觉不一定是对的。

一句话总结：不要同时做几件事。由于你无法很好地转移注意力，第二项任务总会影响第一项任务的效果。

方法 79：判断自己是否应该分散注意力

我在本章开头提到了避免注意力分散的几个步骤：选择合适的学习环境，改善环境，判断出现的干扰是否重要，做出回应。我们已经了解了如何选择合适的环境，也思考了如何才能改善环境，避免一些潜在干扰。那么如何对干扰的重要性做出判断呢？

判断干扰的重要性可以减少社交媒体对你的影响。如果手机响了，你决定看一眼，就说明你认为手机上的东西比当前学习的内容重要。但其实你可能根本没有做出判断，只是下意识地去拿手机。你可以**打断这种下意识的行为，思考片刻**。想想这个问题，或者最好出声问自己："这条信息很重要的概率有多大？"也就是说如果等到休息时再去看，你会不会为此后悔。你会不会想："我为什么要一直学习？我应该顺应本能，立刻查看手机。"如果你总是下意识地看手机，没有机会提出这个问题，也可以把社交媒体的自动登录功能取消。每次输入用户名和密码时，你便有了思考的时间。

你也可以用类似的方法避免走神，比如对自己说："我现在不需要知道下个月的婚礼该穿什么。我可以在开车回家时再去想这件事。"

如果你在走神的时候代入了情感，这个方法便难以奏效。比如，你正因为经理削减了你的工作时长而沮丧，同时又有一场考试需要复习。由于担心钱的问题，你无法静下心来。那么你可以问自己："现在想钱的事有用吗？"答案是："没有用。"但你头脑中的杂念并不会消失。

你可以尝试创造心理距离。遇到其他涉及情绪的问题时，我常常也会如此建议。思考当前自己应该做什么，并大声说出来。你要**用第三人称与自己对话**（最好在一个不会被别人听到的地方）。比如，你可以说："丹现在正为钱的问题而烦恼。经理削减了他的工作时长，他担心交不起房租。但现在想这件事没有用。他明天下午有时间，可以去学生就业办公室再找一份工作。他也可以重新制订一份预算。但现在不能做这些事，他要准备考试。”

用第三人称谈论自己的事能够创造一些情感距离。它可以让你用更理性的方式应对艰难的处境。

这些方法要求你对自己可能做出的行为进行判断：我现在需要看手机吗？我现在要纠结衣服的事吗？做判断不是你的第一选择，如果你已经关掉了手机，就不需要判断要不要看它了。但有些时候你无法改变情况，也无法不去想某些事——比如在被经理削减工作时长的例子中，你只能重新判断自己的想法。

一句话总结：如果你因手机等物品而分心，判断它对你是否重要；如果你一直走神，用第三人称和自己聊一聊当前的处境以及你对此的判断。

方法 80：
判断自己是真的喜欢社交媒体，还是只想看看

假如你真的很喜欢手机，可以在学习时保持静音，将查看社交媒体作为休息时的奖励。但你往往会把“学习时不能看手机”当作一种惩罚，总想着这件事，无法静下心来学习。

等等，我刚才说“查看社交媒体是一种奖励”，你认为是这样吗？如果一段时间内没有查看社交媒体，你可能很想看一眼，

但看过之后你就会开心吗？不用再惦记某件事总是好的，但这能代表你真的喜欢查看这些信息吗？

想要和喜欢不一样。多年以来，大脑的研究者以为他们已经知道喜欢是怎么回事。每当老鼠获得奖赏时，脑中都会产生富含多巴胺的回路，人们以为这种回路与快乐有关。然而，更近期的研究表明，这一回路其实代表了“想要”的感觉，与快乐的回路不是同一条。科学家以为老鼠的大脑在表达：“真开心！”但其实它在表达：“再来一点！”

如果你的大脑将某种行为与奖励联系起来，便也会将它与“想要”的欲望联系起来。问题在于，奖励的效果可能会削弱，这种行为不再像从前那样有吸引力，但你的大脑依然会说：“再来一点！”

你或许能够立刻区分出自己是真的喜欢社交媒体，还是只想看看。如果区分不出，可以试试这个小实验。在一段学习时间内，允许自己随便查看手机，但要记录三件事：拿起手机时，你有多想看它，从 1 到 7 中选择一个分数来代表想看的程度；重新开始学习时，你看了多久的手机；你觉得看手机有多有趣，从 1 到 7 中选择一个分数来代表有趣程度。

第二天，将查看社交媒体的总时长减半，但每次查看的平均时长与昨天相同。再次记录拿起手机时，你有多想看它，放下手机时，你觉得看手机有多有趣。

我敢打赌，相比第一天，你在第二天会更想看手机，因为等待的时间变得更久了。但我也敢打赌，相比第一天，你在第二天会觉得看手机没那么有趣。你查看社交媒体，并不是想要知道人们发了什么内容，或者自己收到了多少个“赞”。这些事情有一定的乐趣，但你主要是受到了冲动的影响。

在后面的实验中，试着将看手机的时间固定下来。**如果你很想看手机，可以和自己谈一谈**。你要提醒自己，通过客观的记录，你已经发现自己没有那么喜欢查看社交媒体。你现在急着查看，并不是因为觉得它很有趣。这只是一种欲望。你以前觉得它很有趣，现在觉得一般，但以前的印象还在。你也可以提醒自己再过一会儿，你便可以得到这种快乐。

一句话总结：如果你对手机上瘾，可以通过实验来判断自己是真的喜欢社交媒体，还是只想看看。

方法 81：
嚼口香糖

相比其他方法，这个方法并没有那么确凿的证据，但我们也有理由相信嚼口香糖有助于集中精力。

只有少量研究检验了人们在学习时嚼口香糖的效果。例如，在一项研究中，被试者需要学习 12 页关于人类心脏的描述。在另一项研究中，他们学习了多位数相乘的心算方法。相比不嚼口香糖，嚼口香糖提高了学习效率，而且使人们在学习时更加机敏。

其实，嚼口香糖更常见的效果是让人们感觉自己更有活力。但这只是一种主观感受，并没有普遍地体现在行为中。2011 年有一项研究报告，名为《嚼口香糖对于认知的好处时有时无》。

研究结果是，嚼口香糖可能会帮助你集中精力，也可能不会。它或许对一些人有效，对另一些人无效，也可能只对某些学习任务有效。研究者也不清楚这些。如果它对你有帮助，也可能只在短时间内有用。因此你可以把它作为紧急手段，帮助你支撑到下一段休息时间。至于是否有效，试试就知道了。

一句话总结：嚼口香糖可能会帮助你集中精力完成任务，但具体效果如何无法确定。

方法 82：
如何避免长时间走神

人们对走神的研究只有 15 年左右，控制走神的尝试仍处于入门阶段，但我依然可以列出一些或许有效的方法。

第一，**不要故意走神！**研究者给正在上课的学生随机发短信（征得了学生和老师的允许），让他们记录下自己当时在想什么，用这种方式研究走神。不出所料，三分之一的学生都没有思考课程的内容。更惊人的是，其中 40% 的学生是主动走神的。他们想：“这节课很无聊，我还是想一些别的事情吧。”解决这个问题相对简单。如果你不想走神，就控制住自己。

第二个方法适用于在阅读时走神的情况。一些研究小组检验了如果人们**出声朗读文章**，是否会更加集中注意力，但没有得出一致的结论。这种方法有时效果很好，有时没有效果，研究者也无法确定它是否对一部分人有效，对另一部分人无效，或者是否只对特定类型的内容有效。你可以试一试。

还有两种避免走神的方法没有被验证过，但你也可以考虑尝试。

当我深入到一项任务中并取得一定的进展时，我会更加集中精力。但是当我完成了其中一部分，又不想继续完成下个部分时，便会开始走神。我的解决方式是查看待办清单。完成一项任务后，我便去看清单：接下来我该做什么？我已经解释过为什么待办清单既可以帮助你制订计划，也可以为你提供动力（方法 64）。**如果知道自己接下来要做什么，你就不太可能走神了**。

最后，你可以尝试这个在冥想中常用的方法。有些冥想会要求你关注一件事，比如你的心跳，但走神会影响效果。冥想者会设置一个定时器，每隔五分钟左右便响起轻柔的钟声。如果他们走神了，就会在这个声音的提醒下重新专注于自己的心跳。你也可以试试。让手机每十分钟响一次，如果你走神了，就可以在声音的提醒下回到任务中。

一句话总结：关于避免走神的研究现在还很少，但你可以尝试出声朗读、查看待办清单、设置每十分钟响一次的定时器，还要避免故意走神！

方法 83：
让自己变得不容易走神

我已经列出了一些在学习时避免走神的方法。那么，你能通过一些努力，让自己不再那么容易走神吗？你能改善自己的认知系统，从而变得更加专注吗？

有些训练方法声称它们可以让人更加集中注意力。通常，它们会要求你每天玩几分钟的“游戏”。（我把游戏加上了引号，是因为它们并不是很有趣。）这些游戏会让你保持专注，并用大脑处理一些信息。这种方式看似有效，实验却证明并非如此。人们对那些游戏越来越熟练，但在其他需要集中注意力的事情上却并没有进步。至少目前，还没有什么训练方法可以减少走神。

但你可以用一些老套的方法让自己变得没那么容易走神。如果在饥饿和困倦时，你更容易走神，那就**好好吃饭，好好睡觉**。你可能以为我会说，规律的锻炼也能减少走神。其实这一点并没有充分的证据，而且我们掌握的证据无法达成一致。锻炼可以让心情更好，但心情与走神频率之间的关系很复杂，研究者也无法得出统一的结论。

然而，冥想一定可以减少走神。冥想有多种形式，一般都是让人安静地坐着或躺着，关注自己的想法，但不要对此做出评判。早期的研究表明，相比没有冥想过的人，经常冥想的人更不容易走神。当然，这也可能是因为更专注的人容易被冥想吸引。为了进一步研究，科学家们找到了一些从未冥想过的人，教他们如何冥想，然后检验他们在执行实验室的标准化任务时走神的时间是否减少了。情况确实如此，而且更近期的实验表明，这个好处在开始冥想一周之后便会出现。

你对冥想可能很感兴趣，也可能完全不感兴趣，但好好吃饭、好好睡觉一定很有用。你至少要做到这两点。

一句话总结：如果想让自己变得不容易走神，好好吃饭，好好睡觉，也可以尝试冥想。

方法 84：
提前规划休息时间，按时休息

休息可以减少分心和走神，对于这一点你可能并不惊讶。休息之后，你会感觉自己精力更充沛，更能集中注意力。

这确实很好，但你可能不确定自己休息得是否充分，是否达到了最好的效果。

你需要休息多长时间？多久休息一次？休息时应该做什么？在过去的几年中，前两个问题有一个非常流行的答案。它被称作“番茄工作法”，倡导每学习 25 分钟，休息 3 至 5 分钟。4 段学习时间过后，你可以休息久一些，比如 20 分钟。番茄工作法本身没有什么问题，但关于休息的时长和频率，并没有相关的研究。你可以先试试番茄工作法，但不要认为这些时间是不可更改的。

你也可以不按照时间，而是按照任务来规划休息。有时我的写作状态很好，不想被固定的休息时间打断，便会完成一个部分后再休息。因此，我才会建议将待办清单中的任务控制在 30 分钟左右（方法 69）。

无论按照哪种方式，你都应该**提前规划休息时间**。也就是说，不要坐在那里，想：“等我学累了，就休息一会儿。”那些受益于番茄工作法的人经常说：“前 20 分钟一般很轻松。之后，当我想要放弃时，我会对自己说：‘你只需要再学 5 分钟，就可以休息了！’”只有提前规划了休息时间，你才能这样安慰自己。

不幸的是，关于休息时应该做什么，研究并没有得出有用的结论。一些实验对比了在休息时锻炼、安静地待着、户外散步、完成另一项任务产生的影响，但**并没有证据表明，你在休息时应该做这件事，不要做那件事**。

很多人在休息时会看手机，因此这项内容也应该被列入实验中。某些实验显示，安静地待着要比查看社交软件更好，但我认为现在下结论还为时过早。另外，有些人会因为学习时无法查看社交软件而困扰，如果知道可以在休息时查看，他们就会更加集中精力学习。（但想看和喜欢并不一样，具体差异见方法 80。）

对我来说，只要能够感到放松，就是有效的休息。你可以做一些能够让自己恢复活力的事情。

一句话总结：休息能够帮助你集中精力，但关于具体的休息时间，以及休息时应该做什么并没有明确的规定。

方法 85：
重新思考或往后推进

前不久，我想为一次关于科技和阅读的演讲找到一个好的开头。但我什么都想不出来，只能漫无目的地在搜索引擎搜索，希望获得灵感。你能想象得出，我没有找到任何有用的信息，便开始阅读一些不相关的内容。最后我抓狂了，对自己说："我需要思考一下。"两分钟后，我便开始走神。

这种情况下我应该怎么做呢？显然，最简单的答案是"休息一会儿"。但如果我刚刚休息过，又该怎么办？

另一个选择是**重新思考**，分析我要完成的任务和目前采用的方法：为什么我没有取得进展？我正在尝试做哪些事，已经尝试了哪些事？问题出在哪里？或许这次关于科技和阅读的演讲并不需要一个巧妙的开头，毕竟老师们对这个话题已经很感兴趣。或许我应该想出一个开头，但不该依赖搜索引擎，我可以回顾自己和孩子们的数字阅读习惯。

如果重新思考不管用，你也可以**往后推进**。我可以先写出其余的部分，再回到这个难题上来。也许新的视角会带来新的想法。

重点在于，你需要意识到自己在某个问题上陷入了困境，并因此而走神，从而避免缺乏进展导致的固执行为。你可以想："我现在还没有解决问题，所以不能放弃！"但你不该白白浪费时间，而是应该重新思考自己的方法。

一句话总结：如果事情没有进展，我们便很容易分心；意识到这一点后，你可以重新思考，寻找解决问题的新方法，也可以暂时把这个问题放在一边，去做其他的事。

写给老师

你可以轻松地把我提到的方法告诉学生，这些方法实施起来并不困难。最大的问题在于，你要让学生知道他们需要这些方法。数据表明，学生并不认为同时完成多项任务会消耗很多精力。你可以用下面的实验向他们演示这一结论。

选择两段与课程内容相关的简单视频（每段大约 5 分钟），针对每一段视频，写下 6 道检验学生理解情况的题目。

给学生看第一段视频，并进行简单的测验。再给学生看第二段视频，每隔一段时间，大声喊“滴！”并举起写着一个问题的硬纸板。这其实是在模仿短信。学生需要阅读信息，并在一页纸上写下答案。这些问题很简单，也很短，平时会在短信中出现。如果他们不立刻回答，就会让朋友不开心。

在测验中，三个问题与学生专心观看的内容有关，另外三个问题与学生边看“短信”边观看的内容有关。让学生比较他们在专心学习时和一心二用时理解能力有多大的差异。这个实验是为了让他们明白：同时做两件事要比想象中更难。

另外，学生可能无法意识到分心有不同的阶段。前面说过，如果想让注意力回到学习上，每一个阶段都比上一个阶段更难。你可以用下面的实验向他们演示。让半数的学生在晚上将手机关闭一个小时。时间结束后，请他们用 1（简单）到 7（非常困难）的数字表示保持手机关闭的难度。另一半学生不关闭手机，但是一个小时不能看它。时间结束后，也请他们用数字表示坚持不看手机的难度。第二天，双方交换任务。

大部分学生认为忽略消息比关闭手机更难，因为每次听到提示音，他们都很想查看消息。这个实验是为了让他们明白：如果在营造学习环境时提前注意这些问题，他们将更容易保持专注。

给老师的总结

- 将本章提到的方法告诉学生。
- 用实验向学生演示：不能一心二用，分心有不同的阶段。

第十三章

如何在学习上树立自信

很多电影都有这样的情节：老师帮助“坏孩子”意识到他们其实很聪明，让他们拥有了展示自己的机会。《铁腕校长》《自由作家》《为人师表》等影片都告诉观众，人们的学习能力可能被误判——有些人很聪明，但自己意识不到。大部分观众都接受了这种看法。毕竟，除了智力，还有一些因素也会影响主角的自信心，比如父母是否经常鼓励他。

然而，大多数人并不相信这件事也会发生在自己身上：“或许别人缺乏自信是因为不够了解自己，但我的情况很简单。我在学校学得很糟糕，是因为我真的很笨。我的父母也和电影里的父母一样，他们从来不鼓励我，而我也配不上他们的鼓励，因为我的成绩太差了。”

缺乏自信是很严重的问题，它会影响你的学业。一方面，它**决定了你对挫折的看法**。如果一个大学生没有考好，但他对学习很有自信，便会认为自己只是不够努力，下次会考得更好。但如果他不够自信，便会认为自己不适合读大学，并将糟糕的成绩作为一个例证。

另一方面，缺乏自信也会**改变你的理想**。比如某个学生想成为一名注册护士，却觉得自己成绩太糟糕，考不上护士学校，她可能会因此选择其他的职业。

学习上的自信来自你对自己学习状态的定义：你平时学习得很轻松，还是很困难？当然，这种定义与你多年来的成绩和其他成就有一定关系，但还会受到另外三个因素的影响：你的朋友是什么样的，你通常将自己与谁对比，你的家庭价值观如何。

这四种因素的结合并没有什么规律，因此，改变对学习状态的定义也不是一件简单的事。然而，如果你不够自信，可以想一想这种心态不仅与你的能力有关，也与其他因素有关。想到这一点，或许你会比现在更自信一些。

树立自信心时
你的大脑会这样做：对自己的学习状态进行定义。这种定义既与从前的成就有关，也与这三个因素有关——你的朋友是什么样的，你通常将自己与谁对比，你的家庭价值观如何。
如何激发大脑的潜能：既然知道了影响自信心的几个因素，你便可以逐步增强自信。

首先，我们需要了解这四个影响因素。

既往印象：大家怎么看待你的学习能力？你只要努力，就会取得成功吗？老师认为你属于尖子生还是后进生？当你在学习上遭遇挫折时，你的父母会说“只要更加努力，下次就会考得更好”，还是“你根本不是学习的料”？

社会关系：通过观察别人，你会对他们形成一定的印象。当然，通过观察自己和身边的人，你也会对自己形成一定的印象。你的朋友认为学习很重要吗？他们会不会花时间学习一些新东西？

比较对象：如果一个学生总是得 B，和经常得 C 的朋友对比，他会觉得自己还不错；和经常得 A 的姐姐对比，他会觉得自己很笨。父母和老师会拿你和别的孩子比较吗，你认同他们的看法吗？

价值观：在重视教育的家庭中，一个孩子不会质疑自己适不适合上学，因为父母坚信他很适合。还有些父母认为，通往成功的道路有许多条，学习对一些人很有用，对另一些人没有太大用处。你的家庭注重学习吗？你是否赞同这种价值观？

在本章中，我会提供一些方法，你可以利用它们检验或重新思考这四个因素，并定义自己的学习状态。你会更加清晰地认识自己的学习情况，从而建立正确的自我印象，树立相应的自信。

方法 86：
重新思考学习的意义

在学校里，大多数人都很清楚“好学生”的概念。好学生朗读文章时不会被纠错，经常举手回答老师的提问，不会被数学题难倒。老师可能没有公开称赞他们很聪明，也不必这样做，因为每个人都能看得出来。

小学低年级是观念形成的阶段。一旦你知道了什么是好学生，便很难改变想法，但这种认识有两方面的局限。

第一，它很看重学习速度。学校里的日程很满，老师面临着一定的压力，需要保持较快的教学节奏，能够快速接受知识的学生有一定的优势。勤奋的学生同样能够理解课程内容，或许还会理解得更加深入，但他们没有机会展现自己的才华。

第二，在这样的描述中，“擅长学习”变成了一种内在特征，就像棕色眼睛和身高一米七一样。然而，通过阅读这本书，你会明白**学习的效果取决于你做了什么，而不是你的先天智力**。即使你过去学得不好，也不代表你不适合学习。也许你比别人学得慢，但只要学到了知识，你的学习过程便很有意义。学习是人类与生俱来的权利。

我是不是说得太夸张了？**想想你在校外学到的东西吧**。或许你学会了一项运动，玩一个电子游戏，处理朋友之间的复杂关系，演奏乐器，和严厉的父母相处，与不友好的邻居和睦交往。或许你擅长其中一些事情，即使什么都不擅长，你也学到了很多东西。或许你在非正式的场合学到了很多，在学校里却没有学到太多。阅读这本书时，你想要改变这种现状。然而，即使使用了书中的技巧，你做出的改变也许仍然没有想象中那么大。

但你应该意识到，离开学校后，**人们对“成功”的定义也会发生改变**。不要以为你的体验会和上学时一样。在学校之外，优秀的学习能力往往要和其他的技能结合在一起。比如，你是一位销售代表，在过去六个月使用了一种新的项目管理软件，取得了很好的效果。你的领导希望工程师们也使用这种软件，并让你说服他们。这项任务也需要一定的学习能力——你需要跟上工程师们的思路，但更重要的是沟通能力。

学校注重纯粹的学习，但工作中更注重其他的技能，比如获得合作者的信任或敢于尝试新事物。记住这一点，你才能重新思考什么才是“擅长学习”的表现。在学校之外，**你不需要非常擅长学习，只需要做得还不错，同时掌握一些其他的技能即可**。

这是迪尔伯特的设计者——漫画家斯科特·亚当斯的观点。他写道，通向成功的其中一条道路是极度擅长一件事情，达到这样的程度显然很难，但擅长两件或更多件事情就比较简单。虽然他会画画，却算不上画家。虽然他比大多数人幽默，却比不过专业的脱口秀演员。此外，他还有一些商科背景。很少有人同时拥有这三种优势，于是他便以办公室为题材，创作了一系列非常成功的漫画。

如果你觉得自己不擅长学习，可以想一想：你需要非常优秀的学习能力吗？或许你的学习能力还不错，再加上其他的技能，便会产生很棒的组合。使用本书中的技巧，你应该可以达到“不错”的学习水平。

一句话总结：学习的效果取决于你做了什么，而不是你的先天智力，且离开学校后人们对于成功的定义也会发生改变，你需要同时擅长几件事，而不是非常擅长一件事。

方法 87：
和喜欢学习的人交朋友

尽管有时不愿承认，但我们的行为确实会受到周围人的影响。人类的大脑始终在进化，不变的是我们依然会留意别人在做什么，而且很喜欢模仿他们。毕竟，如果别人都在做某件事，也许那个选择就是安全而明智的。如果电视节目中加入了笑声音轨，人们会更容易发笑。如果某个餐厅很拥挤，人们会更想去那里吃饭，而不是去那些空荡荡的餐厅。

相比“我应该笑吗？”或“我们要去哪里吃饭？”有些决定更重要一些。这时相比陌生人的做法，我们更容易受到家人和朋友的影响。比如，大多数人不会因为某个游戏很流行就买下它，但如果几个朋友说他们很喜欢这个游戏，情况就不一样了。

如果你和朋友、家人做了同样的事，你一定会得到他们的支持。比如，你的朋友们都很重视学习，即使有些晚上你不太想去图书馆，也很可能和他们一起去。如果你的学业不顺利，他们会聆听你的烦恼，并安慰你。如果你的学业很顺利，他们会为你开心。他们也会向你提供实际的帮助，比如告诉你一些有效的学习方法。

我并不是说不重视学习的朋友就不是好朋友，他们只是不会给你提供太多学习上的支持。如果你不想学习，他们不会让你去学，毕竟他们自己也不想学。如果你的学业不顺利，他们也会安慰你，但你会觉得他们无法感同身受。如果你很重视学习，但你的朋友们不重视，有时你会觉得有些孤单。我们总喜欢和同类交朋友。

我遇到过一些人，他们担心被朋友嫌弃，总会刻意掩藏对于学习的兴趣。几年前，我收到了一封来自高中老师的邮件，她讲述了某个学生的辛酸经历：他很喜欢足球队，同时也很喜欢阅读文学作品。但他从不和朋友提起阅读的事情，因为这会影响他的社交。他很想和别人谈论书籍，只好询问老师能不能在放学后和他聊一聊。

你当然不该放弃那些不重视学习的朋友，只是还应该再交一些重视学习的朋友。你或许很喜欢阅读科学类书籍，或许正在为了申请医学院而提高绩点，或许想要通过更有分量的新闻来了解当代政治。无论哪种情况，你都可以和拥有共同兴趣的人交朋友，这样便会获得更多支持。

一句话总结：人类是社会动物，会受到朋友和家人的影响，和重视学习的人交朋友，你便能更好地与他们交流学习。

方法 88：和自己对比

哪些行为和态度最容易影响你对个人状态的定义？你或许以为答案应该是你最重视的事情，或者让你花费很多时间的事情。但仔细想想，你会发现并不是这样。一个少年很喜欢电子游戏，每天都会花几个小时玩游戏，但他不会觉得自己是很爱玩游戏的人。为什么？因为他周围的人也经常玩游戏。如果他的朋友都不爱读书，即使他每年只读两三本书，也会被他们视为“爱读书的人”。对比显得很重要。

这种对比不是由你的朋友决定的，**是你自己选择了要与谁对比**。随着选择的改变，你对个人状态的定义也会产生很大的变化，但你无法知道哪些对比更有意义。有时我们与别人对比是为了让自己开心或安慰自己，可悲的是，酗酒的人总会找一个比他还严重的人进行对比，想着：“虽然我总是喝酒，但还没有他那么糟糕。”

但我们做出的对比并不是总能让自己满意。一个朋友给我讲了某个研究生的故事。由于不擅长破解数据，他总是担心自己会被退学。其实他在班里的排名很靠前，但他常常和一位男性朋友对比，而对方是数据科学专业的博士。

任何人了解了他的情况，都会说："这种对比没有意义，只会让你对自己产生错误的认识。"但我们怎样才能知道和谁对比更好呢？

这个问题让我想到了19世纪哈西德派的教义，我会对此略做改编。每个人都有两个口袋。一个口袋里装着一张纸，上面写着："你是上帝的王冠，你最靠近天使。"如果你感到悲伤，觉得自己没有价值，就看看这个口袋里的话。但如果你太过骄傲自大，就看看另一个口袋，里面也有一张纸，上面写着："上帝先创造了蚯蚓，然后才创造了你。"

总有人比你做得更好，也总有人不如你。我知道，我们可以利用这一事实调整自己的情绪。但我无法保持理智，当我心情低落时，反而会看写着蚯蚓的那张纸。

如果无法有效地与他人对比，**你可以和自己对比**。回顾自己的目标和实现目标的进度，我已经提出过这样的建议（方法65）。因此，你不必做更多的事，只需要用另一种方式检查自己的目标。经过反思，大多数人认为与他人对比时最好的结果是没有产生影响，最坏的结果是产生了很糟糕的影响。你确实应该努力做到最好，但这和其他人做了什么或没做什么毫无关系。当你怀疑自己是否达到了同龄人的标准时，应该这样提醒自己，然后打开记录着目标的文件或笔记本。

一句话总结：你常常与别人进行对比，但这种行为是无效的，而且会影响你对个人状态的定义；用过去的自己与现在的自己对比，看看你取得了哪些进展。

方法 89：
如果无法获得家人的指导，就去寻求其他帮助

即使父母很少提及家庭价值观，孩子们也会通过父母的行为看出他们在意什么。孩子会观察父母把钱花在哪里；他们把时间用在哪些事情上；他们认为什么样的人值得尊敬；他们觉得哪些事情很重要，需要形成家庭规范。从这些方面，孩子可以看出父母对宗教仪式、社会发展、政治立场、经济收益、学习等方面的重视程度。

如果一个孩子来自重视学习的家庭，他更有可能在学校表现得很好。这样的孩子会选择更难的课程，得到更高的分数，也更有可能从高中顺利毕业，升入大学。部分原因是，那些重视教育的家长往往收入较高，自己也受到过良好的教育，他们可以帮助自己的孩子。如果有需要，他们会给孩子请家庭教师。另外，这些孩子也很有自信，认为自己适合学习，能够取得成功。

相比之下，有些孩子的父母对学习不感兴趣。还有些孩子的父母对学习感兴趣，但缺乏足够的时间和金钱，无法投入太多。长此

以往，这两种情况都会让孩子变得悲观，觉得自己不适合学习。

在大学教书期间，我遇到过很多这样的学生，但印象最深刻的是我带的首批研究生中的一个。他的成绩很优秀，却总是怀疑自己，觉得哪里做得还不够好。他觉得研究生院有一套不成文的规定，只有他完全不知道，因为他是家里第一个考上大学的人。

这种感觉或许是从高中和大学遗留下来的，在那里，他的怀疑有一定的道理。**擅长学习的父母通常也知道怎样在学校里取得好成绩，他们会为孩子提供建议和支持**。比如，你在大学的第一场考试中失利了，你的父亲会说，他刚上大学时也遇到过同样的事，但很快就振作了起来。或者你的母亲会建议你和老师聊聊，问一问怎样才能考得好一些。更重要的是，如果父母都坚信你能顺利毕业，你也会觉得自己很适合读大学，一次失败不会让你怀疑自己。

如果父母无法提供帮助，你该怎么做呢？在高中，**老师可以帮忙**。挑选一个你最喜欢的老师进行交流，哪怕你只在几年前上过他的课。向他咨询你想了解的事，哪怕你不确定自己究竟需要什么帮助。把你的烦恼说出来。大多数老师不会觉得这很麻烦，相反，他们会因为被你选中而高兴。

相比高中，大学有一套不同的规则。你的大脑没有变化，学习的方式也没有改变，但学校的性质变了，所以你会感到不适应。你应该怎样选择专业？你觉得一门课很棒，但距离开学已经过去了三周，如果选了它，你还能跟上吗？

很多大学要求老师为学生提供建议，糟糕的是，老师们缺乏相关的知识，也没有足够的动力。如果你的导师帮不上忙，就去找你们专业的主任（他可能会给你安排一个新的导师，总之可以问一问）。也可以去学生事务办公室或教务处问一下，在你的学校，它可能会有别的名字。**每个学校都有类似的行政部门，它会帮助学生了解学校体系**。你没有打扰他们——为你提供帮助是他们的工作，正是因为学校体系很复杂，这种工作才会存在。

一句话总结：有些学生可以在父母的帮助下树立自信，并获得实用的学习建议，如果无法获得父母的指导，你也可以寻求其他的帮助。

写给老师

老师应该怎样做，才能让每一个学生树立自信，勇于面对挑战呢？

首先，你应该帮助那些自我怀疑的学生在某个方面取得成功。这样，在庆祝他们的成就时，你便能够让他们知道自己其实很优秀。你会说："看到了吗？你以为自己做不好这件事，但其实做得很好。"

但是，让学生产生成就感需要花费很长时间，因此你还可以让他们更加关注努力的过程。即使学生的成绩很一般，他们依然可以为努力准备过考试而自豪。比如，准备一份完善的学习指南就是值得自豪的事。学生们很难意识到这一点，但我认为你应该向他们解释其中的意义。即使他们并不认同，也会记住你的话，并且明白这很重要。

这样你便可以自然地过渡到另一种帮助学生树立自信的方法：帮他们弄清自己在哪个步骤遇到了困难。他们可能会觉得："我真的很糟糕。"但你知道，准备考试这类学习任务有很多个步骤。如果清楚哪里做得好，哪里做得不好，学生们对自己的印象也会发生改变。他们会觉得："我并没有很糟糕，但我需要提高记笔记的水平。"

通过与学生建立良好的关系，你不仅可以督促他们实践这些方法，还可以间接却有效地鼓励他们。一些关于社区大学的研究表明，如果学生和校园中的某个人建立了良好的关系，他们便不太容易对校园生活产生怀疑。研究显示，这个人不一定是学校的老师，也可以是食堂的工人或某位秘书。更重要的是，这个人也不需要提供传统意义上的指导。这种关系对学生有两方面的好处。第一，如果他不来上课，偌大的校园里会有人注意到他，甚至还会为此而失望。第二，如果这个人见过很多大学生，并将他视为其中的一员，他便会觉得这是对自己无声的肯定。

对于老师来说，帮助学生适应学校，并树立学习上的自信是最难的工作，一是因为学生的自信也与校外的某些因素有关，二是因为老师鼓励学生的方式往往很不明显。然而，我们依然应该注意自己的言行，它们会对学生的长期发展产生重要的影响。

给老师的总结

- 帮助学生意识到他们的成功之处。
- 即使学生的成绩不够好，也要让他们看到过程中的努力，并将其视为一种进步。
- 帮助学生弄清楚他们在一项学习任务中哪里做得好，哪里做得不好，并解决相应的困难。
- 与学生建立良好的关系。从长远来看，这有助于学生适应学校，树立自信。

第十四章

如何应对焦虑

适当的焦虑不仅很正常，而且对人有益。焦虑能让你的身体做好准备，或是尽快逃走，或是勇敢面对。更重要的是，有时它会让你注意到问题的存在。比如你可能还没有完全意识到危险，却发现身体已经产生了心跳加速之类的反应。这是焦虑在告诉你，你遇到了一些麻烦，你会因此查看周围的情况，弄清楚具体的麻烦是什么。

说到学习上的焦虑，你可能会最先想到考试焦虑：你本来知道某些内容，却因为太紧张，在考试中答不上来。我在第八章说过，考试焦虑是一件很正常的事。但如果你过于焦虑，不仅会影响考试答题，还会影响阅读或记笔记等其他学习步骤，就没有正常可言了。

如果你总是花费很多时间和精力去担心根本不存在的危险，这种焦虑便不再对你有益，而是对你有害。有些人患有蜘蛛恐惧症，他们在进入每个房间之前，都会仔细检查一番，确保没有蜘蛛。进入房间后，他们还会继续检查。这件事非常消耗精力，因此他们无法与人交谈，甚至无法思考。另外，焦虑不仅会影响人的行为，也会影响人的想法。如果一个患有蜘蛛恐惧症的人在自己家的客厅见到过蜘蛛，他可能就不愿意再去客厅了。

这种比较严重的焦虑是如何产生的?

显然，**一定比例的焦虑来自基因，或许占到了三分之一**。然而，你的基因决定了你眼睛的颜色，但并不能决定你是否会感到焦虑。它们只会让你更加敏感，更容易产生焦虑的情绪。那么，引发焦虑的究竟是什么?

结论有两种。其中一种认为，**焦虑是一种条件反射，与巴普洛夫的狗这项实验的原理相同**。你先摇晃铃铛，再给狗喂食，如此重复几次，狗一听到铃声就很想吃东西，于是便会流口水。

同样的情况也会让你对学习产生焦虑，我举一个关于数学的例子。假如某节课上，老师让你到黑板前做一道数学题。你没有做出来，感觉很丢人。这种事情发生过几次后，只要你被叫到黑板前做题，就感觉自己一定会丢人，就像是那条狗只要听到铃声就很想吃东西一样。羞耻感令你感到焦虑。

但事情还没有结束。

你知道只要一上数学课，就有可能被叫到黑板前做题，所以只要走进数学课的教室，你就会很紧张。另外，你在家做数学题时，同样会想起在黑板前做题的场景，因此也会很紧张。任何与数学有关的事情都会成为焦虑的来源。这种结论强调，一件事原本没有感情色彩（数学），但是当它与某些负面的情绪联系在一起（沮丧和羞耻）时，就会引发焦虑。

另一种结论能够让我们明白为什么**焦虑会失控**。焦虑让人很不愉快，因此你常常会伸出触角，检查环境中有没有什么东西令你感到不安。这种检查是无意识的，但你的紧张感是有意识的，你总觉得自己会发现某些可怕的东西。于是你想："我很紧张，却又找不到让我紧张的东西，情况一定很糟糕。"这种想法让你更加担心潜在的威胁，于是你更努力地寻找它，却没有找到，但依然觉得它一定在这里。恶性循环会一直持续下去。

你大概注意到了，所谓的非理性焦虑中也存在着一些理性的成分。在刚刚的例子中，你对数学的焦虑来源于在黑板前做不出题目。我可以说"不擅长数学导致你对数学产生了焦虑"吗？研究表明，这只是其中一个因素，并不是全部的原因。有些人其实很擅长数学，但依然会为此而焦虑。还有些人不擅长数学，但并不会为此而焦虑。为什么会这样？

看待事情的方式至关重要。当你觉得一次考试失利很严重，会造成某些不可改变的后果，就更有可能会对数学产生焦虑。如果你并不在意数学这门课，糟糕的考试成绩便无法令你焦虑。即使你很在意数学（你会为考低分而沮丧），但认为只要自己更加努力，就能考得更好，你也不会那么焦虑。只有当你既在意又无助时，才会感到焦虑。

了解过这些结论后，我们在思考如何缓解焦虑时便会明确两件事。第一，既然看待事情的方式比实际情况更重要，那么你应该**用更积极的视角思考问题**。第二，**你不能指望焦虑立刻消失**。你需要抛弃从前的旧思维和相关联想。这和其他高难度的任务没有区别，你不可能第一天跑步就跑完一场马拉松。你应该不断地努力，期待自己逐渐取得进步。

彻底消除焦虑需要花费很长时间。大多数心理学家都认为，你不该将这件事作为自己的目标。如果你会为考试、在课堂上表达观点、和陌生人一起完成项目而焦虑，最重要的不是消除焦虑，而是顺利完成这些任务。你的目标应该是控制焦虑。你可能会觉得："只有完全不焦虑，我才能做好这些事。"这种想法是不对的，你要学会在焦虑中完成它们。

当你感到焦虑时
你的大脑会这样做：即使没有发现任何威胁，它也会一直检查周围的环境，寻找潜在的威胁。检查的过程不仅会不断强化焦虑，还会占据你的精力，让你无法认真学习。
如何激发大脑的潜能：用自己的想法努力控制焦虑。

本章提供了一些方法。实验表明，这些方法都是有效的，但这并不意味着每种方法对于每个人都很有效。你可以尝试不同的方法，看看哪种更适合自己。也许单独使用某个方法并不管用，你需要将它们结合起来。一定要有耐心，每一种方法都需要花费时间不断练习。

方法 90：
将每一点进展都看作进步

控制焦虑时，获得正面反馈很重要。对于不同的人，每种方法的效果也各不相同，你需要知道一种方法对你是否有效。在什么情况下，你会意识到事情有了进展？你可能认为，只有不再感到焦虑，才代表着你取得了成功，但我已经否定过这种想法了。

你应该努力控制焦虑，而不是彻底消除焦虑。同样，**如果你完成了自己想做的事，即使在这个过程中依然感到焦虑，你也取得了成功**。

读到这里，你可能会说："我有办法了！只要忘记恐惧，坚持去做这件事就可以了。"**确实，焦虑会让你感到不适，但它并不代表一定会有危险**。心跳加速，掌心出汗时，你往往会忘记这个事实，毕竟你的身体正清楚地告诉你："遇到麻烦了！"等到平静下来，你会发现一切并没有那么可怕，你不会因此受到伤害。你可以完成这件事。虽然你会因此感到不适，但并不会遭遇危险。

几年前，我的一个学生以某种方式证明了这个方法，并让我深受启发。她在平时的交流中并没有表现出社交焦虑，但每次上课发言脸都会涨红，一直蔓延到脖子。另外，有时她说话会变得吞吞吐吐。这两点表明，当众发言使她非常焦虑。但她依然会主动发言。

大量的练习产生了一定的效果。一开始，她会发表一些简短的评论，渐渐地，她便能够流畅地表达一分钟以上的复杂观点了。也许她还为自己设计了阶段性的目标，比如：

- 每周发言一次，说一些简单的内容。
- 每节课发言一次，说一些简单的内容。
- 每周阐述一个更完整的观点（一分钟左右）。
- 进行一次小型的课堂展示。

你也可以将每一点进展都看作进步。或许你只是在课堂上对别人的观点表示支持，说“我很赞同他的看法”，这也是一种进步。如果你因为害怕社交而不敢出门，第一步可以是在街边散个步，要求自己和一个路人打招呼。至于为什么要制订很小的目标，我会在下个方法中详细说明。

你不该想这些事情：和别人比起来，我做得怎么样；和未来的目标比起来，我还差多远。这些比较会让你过度自卑，认为自己很奇怪或很失败。你应该将过去的自己与现在的自己进行对比，专注于已经取得的进步，以及下一步要做些什么。

一句话总结：判断自己控制焦虑的方法是否有效——不必消除焦虑，只要完成了自己想做的事，就算取得了成功。

方法 91：
面对焦虑，避免四种常见反应

焦虑往往会引起一些常见反应。糟糕的是，它们不仅不会缓解焦虑，还会让焦虑变得更加严重。对于这些常见反应，我列出了更好的替代方案。

不要放弃。不要因为你很焦虑就不去做某些事情。例如，你不该对自己说“我太焦虑了，不想和导师谈话”，或者“虽然我有资格，但我不想去上高级课程，一想到这件事我就很烦恼”。你不必专门去做让你焦虑的事，但也应该完成那些需要完成的事，而且你可以做到。焦虑只会让你感到不安，却不会削弱你的实力。

你应该回顾从前的成功事迹。你可以提醒自己：“我以前也做过这样的事。虽然其中某些部分很难，而且令我不安，但我还是成功了。这次我也能做到。”

不要小题大做。我们在焦虑时，很容易想得很远——比如想到糟糕的结果或一些长期的不良后果。在准备课堂展示之前，你不仅会想到：“这次课堂展示可能会很糟糕。”你还会想到：“如果这次课堂展示很糟糕，我就会挂掉这门课，那我就申请不到理想的学校，也永远无法成为放射治疗师了。”

你应该创造一定的心理距离。想象这件事发生在另一个人身上，这会让你做出更加理性的判断。你可以这样想：“假如有个人和我一样，每门课基本都能得 B。他在一次课堂展示中表现很糟糕，但这次展示只占成绩的10%，那么他会挂掉这门课吗？大概不会吧。”

不要否认自己很焦虑。不要一直对自己说：“别焦虑，别焦虑，别焦虑。”也不要一直想：“我不该焦虑。这根本不算什么。失败的人才会为这种事焦虑。我不会为这种小事焦虑的。”从长远来看，一味抑制焦虑并不是什么好办法。你不可能永远避免焦虑。

你可以在短期内抑制焦虑，但不应该将此作为长期的计划。如果你知道怎样处理这个问题，在短期内抑制焦虑便会很有效。例如，你可以对自己说：“我为周五的考试而焦虑，但现在我和朋友们在一起，稍微玩一会儿也没什么。我已经规划好每天晚上的学习时间，到时候再去想考试的事吧。既然我已经为考试留出足够的时间，现在不去想它也没有问题。”

不要随便服药。酒精和一些其他的药物可以暂时缓解焦虑，在医生的监督下服用定量的处方药也有一些效果。我自己也常常被焦虑困扰。如果情况很严重，我可能会非常疲惫，无法实践上述的任何方法。药物会为我的大脑腾出一些空间，让我更好地应对焦虑。然而，不要一味地用酒精或药物暂时缓解焦虑，也不要未经专业人士允许就擅自服药，这些并不是好办法。

一句话总结：焦虑往往会引发一些常见的负面反应，并开始恶性循环，要及时避免。

方法92：
重新解读你的想法

我已经描述过焦虑失控的表现（你可能也经历过这样的事）：焦虑会让你在环境中寻找威胁，如果没有找到，你便会更加焦虑。怎么才能打破这个循环呢？

你可以用三个步骤来缓解情绪失控。执行前两个步骤时，我建议你写下自己的想法。书写很有帮助，因为当你选择要记下哪些想法时，会对它们进行衡量和评估。

首先，你应该告诉自己**这种焦虑很正常**，不要抗拒或试图消除它们。“出现这种情况很正常。虽然我的状态很糟糕，但也属于可以接受的范畴。正如偏头痛患者不是疯子，也不是病人，我也不是疯子或病人。我可以接受自己的焦虑。有些人就是会出现这样的情况。”

当你的情绪平息一些后，便可以**评估自己的状况**。你担心的事情真正发生的概率有多大？如果真的发生了，会造成怎样的后果？当你不知道答案时，老师一定会提问你吗？这种情况经常出现吗？还是说它基本没有出现过，只是你经常为此担心？悲观的想法似乎很可怕，但其实它不会导致任何事情发生。想法是虚幻的、短暂的，而且它只属于你一个人。

假设你担心的事情真的发生了——你不知道答案，却被老师提问；你在考试中失利；学习小组中的同学认为你准备得不充分——那又怎么样？即使挂掉一次考试甚至一门课，你的未来也不会彻底被毁掉。如果你让学习小组的同学失望了，就向他们道歉并在下一次弥补。

最后一步是**回到正轨**。你知道自己的焦虑很正常，也评估了它们，现在不要去想那些事了。你需要重新回到学习中。你要向自己证明，那些引发焦虑的事情没有击垮你。你可以只做一件小事：比如把论文再往下写一段；比如下次研讨会不再要求自己必须说些什么，但也不必躲闪，在别人发言时与他们进行眼神交流，如果同意他们的看法就点点头。

如果你必须要做某件事，但它会令你焦虑，可以**提前一两天执行这三个步骤**。如果你对课堂展示的焦虑已经达到了极点，可能就会太紧张，无法将这些步骤付诸实践。你应该在课堂展示前的一两天告诉自己这种焦虑很正常，并评估自己的状况，然后回到正轨。当你对一件事感到越来越紧张时，你可以对自己说："我以前经历过这样的事。我知道这次课堂展示并没有想象中那么重要。"

但你很难真正说服自己。说出"这种焦虑很正常"非常容易，放下它却困难得多。刚开始，你觉得自己根本无法做到，但**它会变得越来越容易**。请记住，每一点进展都是一种进步。

一句话总结：感到焦虑时，你可以用三个步骤重新解读自己的想法——告诉自己这种焦虑很正常，评估自己的状况，回到正轨。

方法 93：
重新认识身体释放的信号

焦虑不仅会影响你的想法，还会影响你的身体。身体释放的信号会让你的思绪更加难以平静。你可能会心跳加速、肌肉紧绷、出汗、眩晕，也可能同时出现多种症状。你很容易认为环境中存在危险，你知道自己正面临着抉择：立刻逃走还是勇敢面对。

其实，你可以用另一种方式看待身体的反应：你在激动时也会有同样的感觉。看见你的好朋友向女友求婚时、听说你的表妹获得了奥斯卡奖提名时、发现你最爱的球队有机会在最后一秒击败对手时，你也会心跳加速。

我在公共场合演讲过很多次，每次开场前心跳都会加速，但并不是因为焦虑。我只是很激动。适量的激动情绪（它常常被称为"精气神"）能让你做得更好，如果没有精气神，人就会昏昏欲睡。如果你心跳加速并开始出汗，不要想着自己有多么焦虑。你可以认为自己很激动，你的身体告诉你，它已经准备好去冒险了！

一句话总结：不要认为某些身体反应一定代表着焦虑，你在激动时也会有同样的感觉。

方法 94：
用冥想驯服自己的想法

我说过，当焦虑萦绕在脑海中时，你会感到不安甚至恐惧。但你要记住，这并不会让糟糕的事情发生，焦虑本身没有任何力量。这句话说起来很容易，但你很难真正相信。

冥想能够改变你与这些想法之间的关系。**它会让你观察自己的想法、感受、意识，但并不评判它们，也不进行自我批判**。在冥想时，你并不是“什么都不想”，而是只关注当下的状态。

很多人比我更加了解冥想，他们也在网络上发布了详细的说明。我在这里只是简单地叙述，让你知道这种方法。将定时器设置为两分钟（这个时间适合初学者），舒服地坐着（或躺着），慢慢地呼吸。在很多冥想中，你要专注于自己的呼吸或心跳。你的思绪开始任意驰骋，有些一直萦绕在心中，有些只是快速掠过。你只需要观察它们，不要做出任何评判，也不要判断自己是否应该有这种想法，让注意力回到呼吸上来。冥想者常常利用想象放走自己的想法。你可以把它们想象成随溪流而去的树叶、随风而去的云，从沙滩上退去的海浪……每一个想法出现，随后慢慢淡去、最终消失。就这么简单。

虽然听起来很简单，但一些坚持冥想多年的人会告诉你，做到这一点并不容易，他们依然在尝试一些新方法。然而，初学者依然能够因此受益。所以医生会建议许多患有心理或身体疾病的人进行冥想，其中最常见的情况是紧张和焦虑。研究表明即使是很简单的冥想训练，也能对这两种情绪产生正面影响。美国有几百家医疗中心（其中包括我所在的弗吉尼亚大学）都引入了冥想减压项目。

为什么观察自己的想法能够减少焦虑？共有两种机制起到了作用。第一，**你不再被烦恼打搅，体会到了内心的平静**。如果你经常感到内心平静，就会相信自己在期末考试前或其他令人焦虑的场合也能做到这一点。第二，**冥想能让你更充分地体会自己的想法**，而不是匆匆感情用事。你一个人坐在餐厅里等待朋友，但他已经迟到了 15 分钟，而且不回你消息，你的第一反应是非常焦虑，担心发生了什么可怕的事。通过自省，你会发现你只是担心他不来了，但这种想法不够理性，毕竟老朋友不会忽然放你鸽子，因此你才会让自己沉浸在另一种可能中。

冥想听起来很难，但入门的尝试其实非常容易。你不需要让任何人知道这件事——我已经说过，网上有很多老师，也有一些相关的应用。一开始，你只需要每天冥想两分钟，长期坚持比单日时长更重要。如果你决定尝试冥想，要记住：最初你会“失败”很多次，发现自己无法集中精力。冥想也是一种技能，需要不断练习。我不保证冥想对你一定有效，但它的尝试成本很低，而且对于一些人非常有益。

一句话总结：尝试冥想很简单，而且它可以帮助一些人缓解焦虑。

写给老师

平均来看，大约 20% 的学生会受到焦虑的困扰。对于被正式诊断为焦虑症的学生，学校通常会有一定的政策。那么，如何对待那些具有这类症状，但没有得到诊断的学生呢？

我会鼓励学生意识到自己的问题，并对他们说："如果你有任何健康上的困扰，比如焦虑或抑郁，请给我发邮件或来办公室见我。我们可以一起努力，让你顺利完成这门课程。"

谈话时，我会先问他们：你希望我怎么做。一部分原因在于，他们比我更了解自己的困扰。另一部分原因在于，我希望他们自己解决问题，而不是依靠我的建议。

我的首要原则是，如果我不同意其他学生做某件事，也不会纵容焦虑的学生这样做。比如，我不会允许他们逃课、迟交作业，或者不参加小组项目。或许我的做法很严苛，但它符合我在本章中一直强调的原则：你不能因为某件事让你感到焦虑，就直接放弃它。焦虑不是残疾，焦虑的学生依然可以完成课堂上的所有任务。

下面说说我是如何帮助学生缓解焦虑的：

减轻考试焦虑：监考时坐在固定的位置上，戴上兜帽，偶尔走动一下。

减轻课堂发言的焦虑：提出一个问题，让学生花两到三分钟写下答案，并让焦虑的学生读出自己的答案，这样他便不需要匆忙作答。在班级内制订规则，如果哪个学生想要发言，就把自己的名牌立起来，这样更方便讨论。鼓励学生进行简短的评论。

减轻普遍焦虑：帮学生将大型任务拆分成几个小任务。明确地写出关于作业的全部要求。

不要认为你需要“治愈”或解决所有学生的焦虑。你在这方面并不专业，学生可能也不指望你帮忙。他们只是想在你的课上取得好成绩。

给老师的总结

- 面对被诊断为焦虑症的学生，遵循学校的政策。
- 让感到焦虑的学生向你说明情况，这样你才能知道他们焦虑的原因。
- 要求焦虑的学生正常完成所有的课程任务（这一点也要遵循学校的政策）。
- 平等对待感到焦虑的学生和其他学生。
- 你不需要治愈或解决学生的焦虑。

结语

在弗吉尼亚大学任教的第三年秋天，学校要求我提交一份书面文件，陈述我在研究和教学方面取得了哪些成果。两位老教授将会阅读这份文件，并与我交流，提出一些改进的建议。我非常希望得到他们的指点，因为再过三年，我会面对一场更严肃的考核，结果只有两种：晋升或淘汰。

然而，在那次谈话中，我没有得到任何指点。两位教授的反应倒也在意料之中：他们互相争论起来，忽略了我的存在。一位教授说，虽然我取得了不错的成果，但她觉得我的陈述文件不太有趣。她发现，伟大的科学家都会用一种戏谑的态度看待自己的工作，而我太过严肃了。另一位教授立刻表示反对，说："有趣？那干吗不去参加聚会？研究就是一件很严肃的事。"对于批判性思维是否有趣这一点，他们争论了 15 分钟。然后，他们才想起这次谈话的目的，两个人都对我说："你的工作还不错。"就这样，谈话结束了。

快要完成这本书时，我想起了他们的争论。我在书中从未提到学习也可以很有趣。我一直在暗示痛苦是学习的常态，并讨论了怎样才能使学习变得没有那么讨厌。这一点令我很困扰，因为其实我更赞同“学习是一件有趣的事”。

或许经过认真分析，你会发现两者并不矛盾。如果可以自己选择学习的内容，你便会觉得学习很有趣。如果由别人来选择学习的内容，你便会觉得学习很枯燥。我在书中写到学习很痛苦，是因为我关注的主要是学校里的课业，它们是由老师指定的，而不是由你自由选择的。如果你可以自己选择要学的内容，我提供的方法依然适用。但你阅读这本书，主要是为了学好那些必须要学的内容。

“必须要学的内容”一定“不太有趣”吗？大部分学生都会这样认为，但也有一些特例。有时你很幸运，因为老师选择了一本你特别喜欢的书，有时一个优秀的老师能够让你对原本不感兴趣的话题产生兴趣。但这些特殊的情况并不是由你决定的。

然而，本书中的内容能够证明这个结论并不准确。你可以通过努力，对原本毫无兴趣的内容产生兴趣。在本书中，你会发现：

- 如果内容很有趣，你就会更加认真学习。
- 如果更加认真学习，你就会更牢固地记住知识。
- 如果牢固地记住了知识，你就会考出好成绩。
- 如果考出了好成绩，你在学习上就会更加自信。
- 如果更加自信，你就会觉得学习任务更简单。
- 如果觉得学习任务很简单，你就不会再拖延。
- 如果不再拖延，你就会按时完成作业。

- 如果按时完成作业，你就会了解更多相关的内容。
- 如果了解了更多相关的内容，你就更容易理解新知识。
- 如果理解了新的知识，你就会觉得学习更有趣。

我的学生知道前三点，他们发现对于自己感兴趣的内容，认真学习并记住知识很容易。但他们很少想到后面几点，甚至根本不知道。因此，他们只把兴趣当作驱动因素，认为它引发了其他的步骤（比如认真学习和记住知识），却不知道其他步骤也可以引发兴趣。

我把上面的内容以图像的形式呈现了出来。

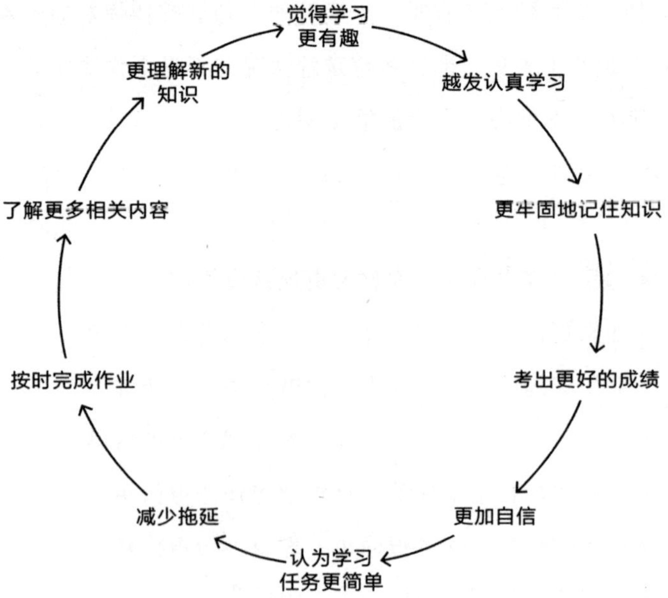

通过这张图，你会发现自己不一定要从兴趣出发。学习的各个环节组成了一个良性循环，你可以从任何地方开始，也可以多点并进。在第十二章，你学到了即使你对某些内容不感兴趣，也依然可以借助一些方法来集中精力。在第六章，你学到了如何更好地记忆知识。在第十一章，你学到了怎样战胜拖延。在第十三章，你学到了树立自信的几种不同方式。如果你变得更加自信，更擅长记住知识，更容易集中精力，这些效果便会在循环中扩散，你对学习的兴趣也会因此增加。

你可能有过类似的亲身体验。你本来觉得某个科目很无聊或很难，但一直坚持学习，最终发现它并没有那么无聊，甚至还很有趣。

我认为，一个独立的学习者不仅要能够自主掌握知识和技能，并达到他人的要求，还要学会选择自己想学什么。如果你不知道有哪些东西可以学，又怎么做出选择呢？

真正独立的学习者会保持开放和好奇的心态，他们总会发现一些想要了解的新事物。这是一种乐观的生活方式，因为他们会用知识满足自己的好奇心，而学习会带来乐趣、幸福感、充实感。任何未知的事物都可以成为快乐的源泉，我们每个人的知识都很有限，所以快乐是无穷无尽的。

有时，人们会把学习比作“探索新领地”或“一次旅行”，我觉得比作旅行更加合适。学习新知识就像是去往一个陌生的地方，观察当地的植物和动物，遇见当地的人，了解他们的生活方式。这既是一种冒险，又是一种满足。

即使缺乏好奇心，在这本书的帮助下，你也可以更轻松地学习新的知识和技能。如果按照旅行的说法，我希望它是一张地图，确保你能够到达老师指定的目的地。但我更希望你将它当作旅行工具，在它的帮助下自由探索。愿你成为一个有好奇心的人，这样你便会发现，世界上遍地是珍宝。

致谢

我与密歇根大学学习方法研究团队的成员们进行了关于教学的交谈，这让我受益匪浅。我要感谢团队中的科琳·库尼汉、基斯·德罗齐埃、安吉拉·达克沃斯、约翰·乔尼德斯、本·卡兹、里安农·贝尔茨、伊桑·克罗斯、阿里安娜·奥维尔。我还要感谢米兰达·贝尔茨、卡蒂·丹尼尔、杰里米·埃伯利、纳乌德·纳马基、艾莉·西尔弗曼、贝萨妮·泰克曼，尤其是亚历克斯·温茨·查克津斯基，在关于焦虑的部分，他们为我提供了非常宝贵的建议。

我非常感谢我的编辑凯琳·马库斯和我的代理商埃斯蒙德·哈姆斯沃思，他们对这本书倾注了极大的热情，也在构建书稿时为我提供了很多帮助。我还要对两个人表示真挚的感谢，他们和我探讨了本书中的大部分观点：大卫·丹尼尔帮助我核查了书中的心理学理论，特丽莎·汤普森-威林厄姆帮助我确认了课堂的真实性，并提出了一些学生可能会出现的反应。

如需查阅本书参考文献

请扫描二维码浏览全部内容

大脑想要这样学：

高效学习的认知心理学方法

作者 _ [美] 丹尼尔 · T. 威林厄姆　　译者 _ 赵安琪

编辑 _ 房静　　装帧设计 _ 董歆昱　　主管 _ 木木
技术编辑 _ 顾逸飞　　责任印制 _ 梁拥军　　出品人 _ 王誉

果麦
www.goldmye.com

以 微 小 的 力 量 推 动 文 明

图书在版编目（CIP）数据

大脑想要这样学：高效学习的认知心理学方法 /（美）丹尼尔 · T.威林厄姆著；赵安琪译. -- 上海：上海科学技术文献出版社, 2023（2025.8重印）
ISBN 978-7-5439-8932-0

Ⅰ. ①大… Ⅱ. ①丹… ②赵… Ⅲ. ①认知心理学 Ⅳ. ①B842.1

中国国家版本馆CIP数据核字（2023）第168704号

图字：09-2023-0822 号

责任编辑：苏密娅
特约编辑：房　静
封面设计：董歆昱

大脑想要这样学：高效学习的认知心理学方法
DANAO XIANGYAO ZHEYANG XUE: GAOXIAO XUEXI DE RENZHI XINLIXUE FANGFA
[美] 丹尼尔 · T. 威林厄姆 著，　赵安琪 译
出版发行：上海科学技术文献出版社
地　　址：上海市长乐路 746 号
邮政编码：200040
经　　销：果麦文化传媒股份有限公司
印　　刷：捷鹰印刷（天津）有限公司
开　　本：880mm × 1230mm　1/32
印　　张：9.5
字　　数：196 千字
印　　数：40, 001–45, 000
版　　次：2023 年 9 月第 1 版　　2025 年 8 月第 9 次印刷
书　　号：ISBN　978-7-5439-8932-0
定　　价：49.80 元
http://www.sstlp.com